乡村振兴实用技术培训教材

绵羊饲养"四良一规范"标准化技术培训手册

吴新忠　主编

中国农业大学出版社
·北京·

内 容 简 介

本教材系服务新农村乡村振兴、开展新型职业农民培训系列教材，是教育部“双高”计划畜牧兽医专业群建设成果。本书从绵羊养殖“四良一规范”即良种、良料、良法、良舍和规范化防疫出发，以选择良种、配制良料、制定良法、建设良舍、执行规范化防疫等为工作任务，全面系统地介绍了肉羊的生物学特性及生长发育规律，羊的品种、杂交利用及繁殖，羊场的建设，肉羊的饲料营养、日粮配制、育肥、疾病控制等内容。

为了使读者更好地掌握绵羊养殖技术，本书密切结合生产实际，注重科学性、实用性和先进性，做到重点突出，通俗易懂，不仅适于羊场饲养管理人员和养殖户阅读，也可以作为大专院校和农业培训辅助教材及参考书。期望本书在广大农牧区示范推广和应用，为农牧民增收、畜牧业增效、助力乡村振兴提供有效途径。

图书在版编目(CIP)数据

绵羊饲养“四良一规范”标准化技术培训手册/吴新忠主编. -- 北京：中国农业大学出版社，2024.6

ISBN 978-7-5655-3104-0

Ⅰ.①绵… Ⅱ.①吴… Ⅲ.①绵羊-饲养管理-技术手册 Ⅳ.①S826-62

中国国家版本馆 CIP 数据核字(2023)第 216148 号

书　　名　绵羊饲养“四良一规范”标准化技术培训手册
作　　者　吴新忠　主编

策划编辑　田树君　张　玉　　**责任编辑**　田树君
封面设计　李尘工作室
出版发行　中国农业大学出版社
社　　址　北京市海淀区圆明园西路 2 号　　**邮政编码**　100193
电　　话　发行部 010-62733489，1190　　读者服务部 010-62732336
编辑部 010-62732617，2618　　出　版　部 010-62733440
网　　址　http://www.caupress.cn　　**E-mail**　cbsszs@cau.edu.cn
经　　销　新华书店
印　　刷　天津鑫丰华印务有限公司
版　　次　2024 年 8 月第 1 版　　2024 年 8 月第 1 次印刷
规　　格　170 mm×240 mm　　16 开本　　7 印张　　84 千字
定　　价　28.00 元

编审人员

主　编　吴新忠（新疆农业职业技术学院）

副主编　张维忠（日发新西域牧业有限责任公司）
马全新（玛纳斯新澳畜牧有限责任公司）
王香祖（新疆农业职业技术学院）

参　编　崔炳灿（新疆农业职业技术学院）
阿尔曼·海热（新疆农业职业技术学院）
苏应玉（新疆农业职业技术学院）
魏莲清（新疆农业职业技术学院）
张　强（日发新西域牧业有限责任公司）

主　审　丑武江（新疆农业职业技术学院）

前言

党的二十大报告指出，加快建设农业强国，扎实推动乡村产业、人才、文化、生态、组织振兴。《新疆维吾尔自治区畜牧业"十四五"发展规划》提出，加快推进畜牧业高质量发展，畜牧业坚持生态化发展方向，突出发展农区畜牧业，坚持走集约化、标准化、规模化的发展道路。着力推进畜禽种业发展，深度挖掘畜禽遗传资源，做大肉羊产业，建立科学规范的畜牧业产业体系、生产体系、经营体系，实现绿色有机牛羊肉产值百亿元以上，形成有影响力的产业集群。

畜牧业作为第一产业的重要组成部分，在乡村振兴中发挥着举足轻重的作用。北方牧区传统畜牧业在很长一段时间内都是以养羊为主，当地广大群众普遍喜爱羊肉，其需求量相当巨大，然而养羊相关技术的发展还处于较为落后的水平。近年来，随着人们生活水平的提高，对羊肉产品的需求日益增加，当前养羊产业逐渐走向了集约化、规模化养殖的方向，肉羊养殖的经济效益、社会效益日益突显，这就使得养殖企业更加重视肉羊的养殖。

随着肉羊养殖产业的发展，广大养羊户和养羊企业对肉羊育肥技术的要求也越来越高。为了适应农牧区产业结构的调整以及优质高效肉羊养殖产业的发展，大力普及先进实用的养羊技术，使广大养羊户掌握更多的有关品种选择、日粮配制、饲草料加工调制、科学饲喂、疾病防控等实用性技术，使肉羊养殖更加科学合理，从而进一步提高养殖生产水平和经济效益。

“四良一规范”即良种、良料、良法、良舍和规范化防疫综合配套措施，是结合畜牧生产实际，提出的加快推进现代畜牧业发展的重要举措。推动畜牧业快速发展，具体举措是统筹优良畜禽品种推广和培育工作、建设有利于提高畜牧业生产水平的圈舍、加快饲草产业化发展、因地制宜选择科学合理的生产方式、把规范化防疫工作落到实处，为畜牧业现代化发展积极探索新路径；把畜牧产业乡村振兴工作与转型升级紧密结合，提高畜牧业生产效率，推动畜牧业持续健康发展，大力发展肉羊富民产业，促进农民增收致富，推动乡村振兴。编者紧密围绕我国北方地区养羊生产的特点以及生产中经常遇到的问题，根据多年来的研究成果和国内外的生产实践经验编写本书。

本书第一、二、三章由张维忠、王香祖、阿尔曼·海热、崔炳灿、马全新编写；第四、五章由吴新忠、苏应玉、张强、魏莲清编写，由丑武江同志主审。

由于编者水平有限，书中错误之处在所难免，恳切希望广大企业同行提出宝贵意见，协助不断修订完善本教材内容。

编　者

2024 年 3 月

目 录

第一章

良　种

全世界现有主要的绵羊品种六百多个，分类方法较多，根据绵羊尾部特点可分为短瘦尾品种、短脂尾品种、长瘦尾品种、长脂尾品种、臀尾品种、无尾品种；根据被毛特征可分为细毛品种、半细毛品种、粗毛品种；根据生产方向可分为毛用羊品种、肉用羊品种、皮用羊品种、绒用羊品种、乳用羊品种及兼用品种。

一、新疆地方绵羊品种

（一）哈萨克羊

哈萨克羊见图 1-1 和图 1-2。

图 1-1　哈萨克羊（公）

图 1-2　哈萨克羊（母）

1. 产地及分布

在我国主要分布于新疆境内，甘肃和青海也有分布。

2. 外貌特征

哈萨克羊为肉毛兼用型绵羊品种，其体质粗壮结实，公羊多有粗大的螺旋形角，母羊多数无角，鼻梁明显隆起，背腰平直，体躯浅，四肢高。毛色多为棕褐色，纯白或纯黑的个体也有一小部分。脂肪沉积于尾根而形成肥大椭圆形脂臀。

3. 生产特性

（1）产肉：春季成年公羊体重可达到 60 公斤，成年母羊 45 公斤；屠宰率为 47%。

（2）产毛：成年公羊剪毛量可达到 2 公斤，成年母羊 1.7 公斤。

（3）繁殖性能：性成熟一般在 4～6 月龄，初配年龄 1.5 岁，配种大多在 11 月上旬开始，翌年 4～5 月产羔，妊娠期 150 天左右，平均产羔率 101%。

（二）阿勒泰羊

阿勒泰羊见图 1-3、图 1-4。

图 1-3　阿勒泰羊（公）

图 1-4　阿勒泰羊（母）

1. 产地及分布

主要分布于我国新疆北部阿勒泰地区。

2. 外貌特征

阿勒泰羊属肉脂兼用粗毛羊，该品种羊体具有早熟的特点。其体格大，鼻梁稍隆起，四肢高而结实，股部肌肉丰满，具有典型的方圆大尾。公羊鼻梁深，背平直，肌肉发育良好，一般公羊具有较大的螺旋形角，毛色主要为棕红色。

3. 生产特性

（1）产肉：成年公羊体重可高达 85 公斤，成年母羊 67 公斤，肉用性能好，屠宰率可达 50%以上；该羊臀脂肥厚，成年羯羊的臀脂平均重可达 7 公斤。

（2）产毛：成年公羊剪毛量可达 2 公斤，成年母羊 1.6 公斤。

（3）繁殖性能：性成熟一般在 4～6 月龄，初配年龄 1.5 岁，产羔率可达 110%。

（三）巴什拜羊

巴什拜羊见图 1-5 和图 1-6。

图 1-5　巴什拜羊（公）

图 1-6　巴什拜羊（母）

1. 产地及分布

主要分布于我国新疆塔城地区，是当地独有的地方绵羊品种。

2. 外貌特征

巴什拜羊是塔城地区优良地方品种，属脂臀型粗毛绵羊品种，具有适应性强、抗病力强、生长发育快的特点，主要用于羔羊肉的生产。其头大小适中，母羊多数无角，公羊大都有角。颈中等长，胸宽而深，背平直，腿长而结实，股部肌肉丰满，具有典型的圆形脂臀，毛色以红棕为主，多数羊头顶部有小块白毛片。

3. 生产特性

（1）产肉：从初生到120日龄的哺乳期间，公羔平均日增重可达300克以上。4～5月龄羔羊胴体重可达18公斤，屠宰率高达56%，骨肉比可达1∶4。

（2）繁殖性能：巴什拜羊性成熟年龄为5～6月龄，公、母羊初配年龄为18个月，一般利用年限为5年。一般在9～11月配种，次年2～4月产羔，产羔率为103%。

（四）巴音布鲁克羊

巴音布鲁克羊见图1-7、图1-8。

图1-7　巴音布鲁克羊（公）

图1-8　巴音布鲁克羊（母）

1. 产地及分布

主要分布于我国新疆和静县巴音布鲁克地区，以巴音郭楞乡为中心产区，是优良地方品种。

2. 外貌特征

巴音布鲁克羊是新疆肉脂兼用型地方绵羊品种之一，其体质结实，体格中等，头窄长，鼻梁稍隆起，公羊多有螺旋形角，母羊多无角。体躯硕长，背腰平直，臀部稍高于鬐甲部，后躯发达，四肢结实。具有方圆形短脂尾。体躯被毛以白色为主，多数羊头、颈部为黑色，少数为黄色。

3. 生产特性

（1）产肉：成年公羊平均体重可达69公斤，成年母羊平均体重为43公斤，屠宰率为46.5%。

（2）繁殖性能：初配年龄为一岁半，繁殖率在95%左右。

（五）和田羊

和田羊见图1-9、图1-10。

图1-9　和田羊（公）

图1-10　和田羊（母）

1. 产地及分布

和田羊产于我国新疆南疆地区，主要分布于和田地区。

2. 外貌特征

和田羊是新疆特有的毛肉兼用型地方绵羊品种，其体格较小，头清秀，鼻梁隆起，公羊多数有螺旋形角，母羊约半数有角。体躯窄，四肢细长。和田羊的尾大多属短脂尾。

被毛富有光泽，呈明显的毛辫结构，毛辫细长，具有明显的波状弯曲，上下披叠、层次分明，呈裙状垂于体侧达腹线以下，其毛被长而均匀，毛的弹性、光泽和洁白度好，是织制地毯的优质原料。

3. 生产特性

（1）产毛：一年春季、秋季剪毛各一次，全年产毛量1～1.7公斤。春毛生长期7～8个月，毛被厚实，毛股柔软，绒毛多且长。秋毛生长期4～5个月，较短、干燥、绒毛少、光泽强、明净光亮。成年母羊春季毛长将近18厘米，秋季毛长为11厘米，净毛率平均为70％左右，最高可达80％以上。

（2）产肉：秋季宰前体重平均为39公斤，胴体重可达15公斤左右，平均屠宰率41％。

（3）繁殖性能：成年母羊以9～11月为发情旺季，发情周期平均为17天，发情持续期基本为1～2天。配种期以夏、秋两季为多，多为单胎。

（六）多浪羊

多浪羊见图1-11和图1-12。

图1-11　多浪羊（公）（1）

图1-12　多浪羊（公）（2）

1. 产地及分布

主要分布于我国新疆麦盖提、巴楚、岳普湖、莎车等县，是在长期地方品种选育的基础上，从塔什库尔干引入了体大、产肉较多的粗毛羊，进行了杂交改良，经过长期选育而成的。其中心产区麦盖提县建立了多浪羊繁育核心群进行选育提高。

2. 外貌特征

多浪羊是以肉用为主，肉毛兼用型品种，其头大面长，鼻梁隆起明显，耳朵特别长而宽且下垂。母羊无角，公羊绝大多数无角，肋骨拱圆，胸深而宽，前后躯较丰满，肌肉发育良好，脂臀较大。体躯被毛为灰白色或浅褐色。

3. 生产特性

（1）产肉：产肉性能好，屠宰率高，羔羊生长快、早熟，在断奶后增重快。周岁以内的羊屠宰率可高达 55%左右；成年公羊平均体重可达 92 公斤，母羊可达 68 公斤；成年羊胴体重可超过 35 公斤，屠宰率可达到 55%，而且肉质鲜美可口。

（2）产毛：成年公羊产毛量可达 2.5 公斤，母羊也有 1.5 公斤。

（3）繁殖性能：性成熟早，一般公羔在 6～7 月龄性成熟，母羔在 6～8 月龄初配，周岁母羊大多数已产羔。双羔率高达 30%，并有一胎三羔、四羔的，繁殖成活率在 150%。

（七）中国卡拉库尔羊

中国卡拉库尔羊见图 1-13、图 1-14。

图 1-13　中国卡拉库尔羊（公）

图 1-14　中国卡拉库尔羊（母）

1. 产地及分布

中国卡拉库尔羊是我国培育的羔皮羊品种，主要由新疆、内蒙古的纯种卡拉库尔羊为父系，以库车羊、哈萨克羊及蒙古羊为母系，采用级进杂交方法培育而成。产于新疆南部塔里木盆地的北部、天山南部和帕米尔以东等地，主要分布在新疆的库车、沙雅、新和、尉犁、轮台、阿瓦提及新疆生产建设兵团和内蒙古部分地区。

2. 外貌特征

中国卡拉库尔羊为羔皮用绵羊品种，所产羔皮在国际市场上称为波斯羔皮。其羊头稍长，鼻梁隆起，公羊多数有角，母羊多数无角。胸深体宽，四肢结实，尾肥厚。毛色主要为黑色、灰色和金色。被毛的颜色随年龄的增长而变化：黑色羊羔断奶后，逐渐由黑变褐，成年时变成灰白色；灰色羊羔到成年时变成白色。

3. 生产特性

（1）产肉：成年公羊体重可达 77 公斤，成年母羊 46 公斤；屠宰率 51％。

（2）产毛：主要产品为出生后 3 天内宰剥的羔皮，羔皮毛被形成独特美丽的毛卷。羊毛可制织毡、粗呢、粗毛毯和地毯，成年公羊剪毛量 3 公斤，成年母羊 2 公斤。

（3）繁殖性能：产羔率为 105％～115％，双羔率较低。

（八）新疆细毛羊

新疆细毛羊见图 1-15 和图 1-16。

1. 产地及分布

新疆毛肉兼用细毛羊，简称新疆细毛羊。1954 年育成于新疆巩乃斯种羊场，用高加索细毛羊公羊与哈萨克母羊、泊列考斯公羊与蒙古羊母羊杂交培育而成，是我国育成的第一个细毛羊品种。主要分布在新疆维吾尔自治区境内，并已推广至全国各地。

图 1-15　新疆细毛羊（公）

图 1-16　新疆细毛羊（母）

2. 外貌特征

新疆细毛羊体形较大，体质结实结构匀称。公羊鼻梁微有隆起，公羊大多数有螺旋形的角，母羊大多数无角。公羊颈部有 1～2 个皱褶，母羊有一个皱褶，皮肤宽松。胸部阔深，背直而宽，腹线平直，体躯长深，后躯丰满，四肢结实。细毛着生头部至两眼连线，前肢到腕关节，后肢至飞节或飞节以下，腹毛着生性良好。

3. 生产特性

（1）产肉：剪毛后周岁公羊体重可达 42 公斤，最高可达到 100 公斤；周岁母羊体重达 35 公斤，最高有 69 公斤；成年公羊可达到 88 公斤，最高有 113 公斤；成年母羊体重可达 48 公斤，最高有 94 公斤；产肉性能良好，成年羯羊平均体重为 65 公斤，2.5 岁以上的羯羊经夏季牧场放牧后的屠宰率可高达 50%左右，净肉率为 40%。

（2）产毛：周岁公羊可剪羊毛 5 公斤以上，最高有 17 公斤；周岁母羊为 4.5 公斤，最高超过 12 公斤；成年公羊可剪羊毛 11 公斤以上，最高可达 21 公斤；成年母羊为 5 公斤多，最高有 12 公斤以上；12 个月的羊毛长度，成年公羊可达 9.4 厘米，成羊母羊有 7.2 厘米；羊毛细度以 64 支为主。

（3）繁殖性能：经产母羊的产羔率可在 130%左右，双羔率较高。

（九）中国美利奴羊

中国美利奴羊见图 1-17 和图 1-18。

图 1-17　中国美利奴羊（公）

图 1-18　中国美利奴羊（母）

1. 产地及分布

中国美利奴羊简称中美羊，是 1972—1985 年在新疆的巩乃斯种羊场、紫泥泉种羊场、内蒙古嘎达苏种畜场和吉林查干花种畜场联合育成的，是我国于 1985 年培育成的第一个毛用细毛羊品种。按育种场所在地区，分为新疆型、军垦型、科尔沁型和吉林型四类。该品种的羊毛产量和质量已达到国际同类细毛羊的先进水平，也是我国最为优良的细毛羊品种。

2. 外貌特征

中国美利奴羊体质结实，体形呈长方形，公羊大多有螺旋形角，母羊无角，公羊颈部有 1～2 个发达的皱褶，躯干部无明显的皱褶；被毛呈毛丛结构，闭合良好，密度大，细毛着生头部至眼线、前肢至腕关节、后肢至飞节，腹毛着生良好，全身被毛有明显大、中弯曲，被毛白色，鬐甲宽平，胸宽深，背平直，尻宽平，后躯丰满，肢势端正，油汗呈白色或乳白色。

3. 生产特性

（1）产肉：成年公羊平均体重为 91 公斤；成年母羊为 43 公斤。

（2）产毛：特级母羊平均剪毛量可达 7 公斤以上，平均毛长可达 10 厘米以上；一级母羊剪毛量可达 6 公斤以上，平均毛长可达 10 厘米。这一生产水平已进入国际同类羊的先进行列。

（3）繁殖性能：经产母羊的产羔率为 118%～132%，双羔率较高。

二、引进国内绵羊品种

（一）小尾寒羊

小尾寒羊见图 1-19、图 1-20。

图 1-19　小尾寒羊（公）

图 1-20　小尾寒羊（母）

1. 产地及分布

小尾寒羊是由本地大绵羊和新疆细毛羊杂交育成，是全国绵羊优良品种之一，产于河北、河南、山东一带，主要分布在山东和河北省境内。

2. 外貌特征

小尾寒羊是我国肉皮兼用型绵羊品种，具有生长发育快、早熟、繁殖力强、性能遗传稳定、适应性强等特点，被国家定为名畜良种。其体形结构匀称，体质结实，鼻梁隆起，公羊头大颈粗有大的螺旋形角，母羊头小颈长，大多有小角。短脂尾呈圆形，尾尖上翻，胸部宽深，肋骨开张，体躯长呈圆筒状，四肢高且健壮端正，全身被毛白色。

3. 生产特性

（1）产肉：羔羊初生重在3.5公斤以上；3月龄羔羊体重可达23公斤以上；6月龄羔羊体重在40公斤上下；周岁公羊体重可达60公斤左右，屠宰率55%，周岁母羊体重有45公斤左右；成年公羊体重在70～110公斤，成年母羊体重在50公斤上下。

（2）产毛：被毛可分为裘皮型、细毛型和粗毛型三类。裘皮型毛股清晰、弯曲明显；细毛型毛细密，弯曲小；粗毛型毛粗，弯曲大。剪毛量成年公羊可达3.5公斤，成年母羊2公斤上下。

（3）繁殖性能：小尾寒羊生长发育快，性成熟早，母羊一年四季发情，通常是两年产三胎，有的甚至是一年产两胎，每胎产双羔、三羔者屡见不鲜，产羔率平均270%，居我国地方绵羊品种之首。

（二）湖羊

湖羊见图1-21和图1-22。

图1-21　湖羊（公）

图1-22　湖羊（母）

1. 产地及分布

湖羊是中国特有的羔皮用绵羊品种，也是我国一级保护地方畜禽品种。主要产于浙江嘉兴和太湖地区。

2. 外貌特征

湖羊体格中等，公、母均无角，头狭长，鼻梁隆起，多数耳大下垂，颈细长，体躯狭长，背腰平直，腹微下垂，尾扁圆，尾尖上翘，四肢偏细而高。被毛全白，腹毛粗、稀而短，体质结实。

3. 生产特性

湖羊主要用于生产羔皮，出生当天所剥的羔皮（小湖羊皮），毛色洁白、光泽好，具有扑而不散的波浪花和片花及其他花纹，皮板轻薄而致密。3月龄左右羔羊所宰剥的毛皮（袍羔皮），毛股长5～6厘米，花纹松散，皮板轻薄。成年羊屠宰后所剥下的湖羊皮（老羊皮），适合制革。

（1）产肉：羔羊生长发育快，其3月龄断奶体重公羔25公斤以上，母羔22公斤以上。成年羊体重公羊65公斤以上，母羊40公斤以上。屠宰后净肉率38%左右。

（2）产毛：每年春、秋两季剪毛，公羊1～2公斤，成年母羊2公斤，被毛平均细度44支，适宜织地毯和粗呢绒。

羔羊生后1～2天内宰杀剥制、加工的羔皮（小湖羊皮）质量最优，毛纤维束弯曲呈水波纹花案，弹性强，洁白美观，是制作皮衣的优质原料。

（3）繁殖性能：湖羊性成熟早，生长快，常年发情和配种，繁殖率很高。除初产外，每胎多在2只以上，高的可达6～8只，平均产羔率超过220%。

三、引进国外绵羊品种

（一）萨福克羊

萨福克羊见图1-23、图1-24。

图 1-23　萨福克羊（公）(1)

图 1-24　萨福克羊（公）(2)

1. 产地及分布

萨福克羊原产于英国，是1859年育成的优秀肉用品种，目前在世界各地都有分布，是世界公认的用于终端杂交的优良父本品种。

2. 外貌特征

萨福克羊产肉性能极好，并且瘦肉率高，是生产大胴体和优质羔羊肉的理想品种。其体格大，头较长且宽大，鼻梁隆起，胸宽，背腰和臀部宽而平，肌肉丰满，后躯发育良好。脸和四肢为黑色，体躯主要部位被毛白色。

3. 生产特性

(1) 产肉：4月龄公羔胴体重可达24公斤，母羔也有19公斤；1岁公羊体重为90～100公斤，母羊体重有65～70公斤；2岁公羊体重可超过120公斤，2岁母羊也能达到90公斤；3岁公羊体重超过130公斤。

(2) 产毛：成年公羊剪毛量可达5～6公斤，成年母羊为2.5～3.0公斤，被毛白色，毛长可达8～9厘米，细度在50～58支。

(3) 繁殖性能：头胎母羊产羔率高达173%，第二胎产羔率高达204%。

(二) 无角陶赛特羊

无角陶赛特羊见图1-25和图1-26。

图 1-25　无角陶赛特羊（公）

图 1-26　无角陶赛特羊（母）

1. 产地及分布

无角陶赛特羊原产于澳大利亚和新西兰，目前在世界各地都有分布，是世界上最优秀的肉用绵羊品种之一。

2. 外貌特征

无角陶赛特羊生长发育快，早熟，全年发情配种产羔，且具有耐热及适应干燥气候等特点。其体质结实，头短而宽，公、母羊均无角，颈粗短，胸宽深，背腰平直，后躯丰满，四肢粗短，整个躯体呈圆桶状，全身被毛为白色。

3. 生产特性

（1）产肉：经过肥育的 4 月龄公羔的胴体重可达 22 公斤，母羔也能超过 19 公斤，屠宰率在 55％上下。成年公羊体重 90～110 公斤，成年母羊为 65～75 公斤。

（2）产毛：成年羊剪毛量 2～3 公斤，毛长 7.5～10 厘米，羊毛细度 56～58 支。

（3）繁殖性能：无角陶赛特羊早熟，生长发育快，全年发情产羔率 130％～180％。

（三）特克赛尔羊

特克赛尔羊见图 1-27、图 1-28。

图 1-27 特克赛尔羊（公）

图 1-28 特克赛尔羊（母）

1. 产地及分布

特克赛尔羊属于中大型肉用细毛羊品种，原产于荷兰，经过杂交选育而成，是肉羊育种和经济杂交非常优良的父本品种。

2. 外貌特征

特克赛尔羊寿命长，产羔率高，母性好，对寒冷气候有良好的适应性，具有性早熟、羔羊生长快、产肉性能好、耐粗饲、适应性强、放牧条件下肉骨比和肉脂比高等特性。其全身被毛均为白色，体大毛长，头大小适中，颈中等长，鼻镜、眼圈部皮肤为黑色，四肢无被毛。体躯呈长圆桶状，前胸宽圆，肋骨开张良好，呈矩形，背腰平直且宽，体躯肌肉丰满，后躯发育良好，四肢开张、粗壮有力。

3. 生产特性

（1）产肉：公羔平均初生重为 5 公斤，6 月龄平均体重为 59 公斤。母羔平均初生重为 4 公斤，6 月龄平均体重为 48 公斤。4～6 月龄羔羊出栏屠宰，平均屠宰率为 55%～60%，瘦肉率、胴体出肉率高。成年公羊体重 115～130 公斤，成年母羊 75～80 公斤。

（2）产毛：成年公羊剪毛量平均为 5 公斤，成年母羊 4.5 公斤，羊毛长度 10～15 厘米，羊毛细度 48～50 支。

（3）繁殖性能：特克赛尔羊生长发育快，早熟，母羊 7～8 月龄便可配种，且发情季节较长。母羊泌乳性能良好，80%的母羊产双羔，产羔率为150%～200%。

（四）杜泊羊

杜泊羊见图1-29和图1-30。

图1-29 杜泊羊（公）

图1-30 杜泊羊（母）

1. 产地及分布

杜泊肉用绵羊原产于南非，现已广泛分布在世界各地，是世界著名的肉用羊品种。根据其头颈的颜色，分为白头杜泊和黑头杜泊两种。

2. 外貌特征

杜泊羔羊生长迅速，断奶体重大，胴体肉质细嫩可口、瘦肉率高，被国际誉为“钻石级肉”。其体躯和四肢皆为白色，头顶部平直、长度适中，额宽，鼻梁微隆，无角或有小角根，颈粗短，肩宽厚，背平直，肋骨拱圆，前胸丰满，后躯肌肉发达。其分为长毛型和短毛型两个品系，长毛型羊生产地毯毛，较适应寒冷的气候条件；短毛型羊被毛较短，能较好地适应炎热和雨淋气候。

3. 生产特性

（1）产肉：3～4 月龄的断奶羔羊体重可达 36 公斤，胴体重达 16 公斤，肉骨比为（4.9～5.1）：1，屠体中的肌肉约占 65%，脂肪 20%，优质肉占 45%左右，成年公羊和母羊的体重分别在 120 公斤和 85 公斤左右。

（2）产毛：年剪毛 1～2 次，成年公羊剪毛量可达 2.5 公斤，母羊达 2 公斤；毛短而细，春毛 6.1 厘米，秋毛 4.9 厘米，羊毛主体细度为 64 支，少数达 70 支或以上。

（3）繁殖性能：杜柏羊繁殖期长，不受季节限制，一个配种季母羊的受胎率相当高。母羊可达到 1 年 2 胎，产羔率一般在 120%左右，最高能达到 150%。

四、引进山羊品种

（一）辽宁绒山羊

辽宁绒山羊见图 1-31 和图 1-32。

1. 产地及分布

辽宁绒山羊原产于辽宁省东南部山区步云山周围各市县，属绒肉兼用型品种，是中国绒山羊品种中产绒量最高的优良品种，被誉为“国宝”，是中国重点畜禽遗传保护资源。该品种具有产绒量高、绒纤维长、粗细度适中、体形壮大、适应性强、遗传性能稳定、改良低产山羊效果显著等特点。

图 1-31 辽宁绒山羊（公）

图 1-32 辽宁绒山羊（母）

2. 外貌特征

辽宁绒山羊被毛全白，体质健壮，结构匀称，头轻小，额顶有长毛，颌下有髯，公羊角粗大，颈宽厚，与肩部结合良好，背腰平直，四肢粗壮。被毛柔软有弹性，绒层厚实，被毛覆盖良好。

3. 生产特性

产绒：成年公羊体重 40 公斤以上产绒量 450 克以上，成年母羊体重 30 公斤以上产绒量 300 克以上；绒自然长度 40 毫米以上；绒细度 10～20 微米；含绒率 60％以上。

（二）内蒙古绒山羊

内蒙古绒山羊见图 1-33 和图 1-34。

图 1-33 内蒙古绒山羊（公）

图 1-34 内蒙古绒山羊（母）

1. 产地及分布

内蒙古绒山羊产于内蒙古西部地区。

2. 外貌特征

内蒙古绒山羊体质结实，公羊角粗大，母羊角细小，两角向上向后向外伸展，呈扁螺旋状、倒“八”字形。背腰平直，体躯深而长，四肢端正。全身毛被白色，由上层的粗毛和下层的绒毛组成。

3. 生产特性

内蒙古绒山羊有长毛型和短毛型两类。

(1) 长毛型：长毛型羊主要分布在山区，此型毛被粗毛较长，达15～20厘米及以上，毛长而洁白，杂质少，光泽好，净绒率高。

(2) 短毛型：短毛型羊主要分布在梁地或沙漠、滩地一带，该型羊体质粗糙，毛短而粗，平均长度为8厘米，绒毛短，较密。

成年公羊平均剪毛量均为570克，成年母羊为257克；公羊抓绒量平均为385克，母羊为305克；公羊绒毛长度平均为7.6厘米，母羊平均为6.6厘米；公羊绒毛细度为14.6微米，母羊为15.6微米。

内蒙古绒山羊，皮板厚而致密，富有弹性，是制革的上等原料。制作的皮夹克光亮、柔软、经久耐穿，颇受欢迎。

(三) 关中奶山羊

关中奶山羊见图1-35和图1-36。

1. 产地及分布

关中奶山羊为我国奶山羊中著名优良品种，因产于陕西省关中地区，故得此名。以富平、三原、泾阳、宝鸡扶风等为生产基地。

图 1-35　关中奶山羊（母）(1)

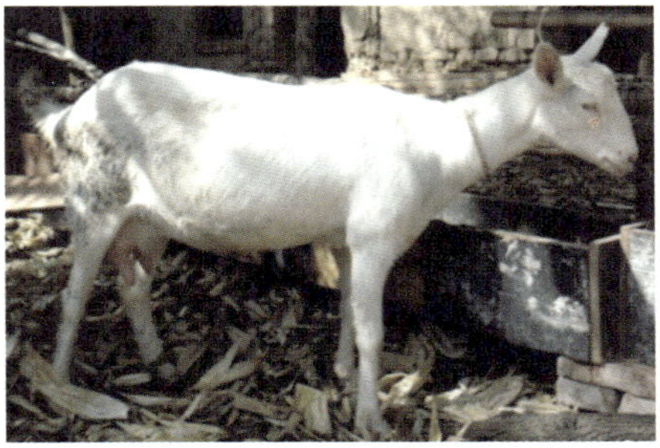

图 1-36　关中奶山羊（母）(2)

2. 外貌特征

体质结实，结构匀称，遗传性能稳定。头长额宽，鼻直嘴齐，眼大耳长。母羊颈长，胸宽背平，腰长尻宽，乳房庞大，形状方圆；公羊颈部粗壮，前胸开阔，腰部紧凑，外形雄伟，四肢端正，蹄质坚硬，全身毛短色白。皮肤粉红，耳、唇、鼻及乳房皮肤上偶有大小不等的黑斑，部分羊有角和肉垂。

3. 生产特性

关中奶山羊产肉性能良好，公羔羊的肉、脂肪、内脏等可作肉食，皮毛和骨等为毛纺、制革、医药、化工提供原料。

(1) 产肉：7 月龄公羊活重可达 30 公斤。成年公羊体重 65 公斤以上，母羊体重不小于 45 公斤，屠宰率 49%，净肉率 39%。

(2) 产奶：关中奶山羊产奶量高且稳定，奶质优良，营养价值较高。一般泌乳期为 7～9 个月，年产奶 450～600 公斤，单位活重产奶量比牛高 5 倍。

(3) 繁殖：公、母羊均在 4～5 月龄性成熟，一般 5～6 月龄配种。发情旺季 9—11 月份，以 10 月份最甚，性周期 21 天。母羊怀孕期 150 天，平均产羔率 178%。初生公羔重 2.8 公斤以上，母羔 2.5 公斤以上。种羊利用年限 5～6 年。

（四）萨能奶山羊

萨能奶山羊见图1-37和图1-38。

图1-37　萨能奶山羊（公）

图1-38　萨能奶山羊（母）

1. 产地及分布

萨能奶山羊产于瑞士，是世界上最优秀的奶山羊品种之一，分布最为广泛，现有的奶山羊品种几乎半数以上都含有萨能奶山羊的血缘。

2. 外貌特征

具有典型的乳用家畜体型特征，体格高大，结构匀称，结实紧凑，后躯发达。被毛白色，偶有毛尖呈淡黄色，皮肤粉红色，有四长的外形特点，即头长、颈长、躯干长、四肢长，后躯发达，乳房发育良好。公、母羊均有须，大多无角。母羊胸部丰满，背腰平直，腹大而不下垂；乳房基部宽广，形状方圆，质地柔软。

3. 生产特性

成年公羊体重可达75～100公斤，最高达到120公斤，母羊50～65公斤，最高有90公斤。

（1）产奶：母羊泌乳性能良好，泌乳期8～10个月，可产奶600～1 200公斤，最高个体产奶记录有3 430公斤。

（2）繁殖性能：母羊产羔率一般为170%～180%，高者可达

200%～220%，

（五）吐根堡奶山羊

吐根堡奶山羊见图1-39和图1-40。

图1-39 吐根堡奶山羊（公）

图1-40 吐根堡奶山羊（母）

1. 产地及分布

吐根堡奶山羊是一个乳用山羊品种，起源于瑞士，是年代最久的乳用山羊品种。

2. 外貌特征

吐根堡奶山羊体型略小于萨能羊，也具有乳用羊特有的楔形体形。被毛褐色或深褐色，随年龄增长而变浅。颜面两侧各有一条灰白色的条纹，鼻端、耳缘、腹部、臀部、尾下及四肢下端均为灰白色。公、母羊均有须，部分无角，有的有肉垂。骨骼结实，四肢较长，蹄壁蜡黄色。公羊体长，颈细瘦，头粗大；母羊皮薄，骨细，颈长，乳房大而柔软，发育良好。

3. 生产特性

吐根堡奶山羊体质健壮，性情温顺，耐粗饲，耐炎热，对放牧或舍饲都能很好地适应。成年公羊体重60～80公斤，成年母羊体重45～55公斤。

（1）产奶：吐根堡奶山羊平均泌乳期287天，在英、美等国，一个泌乳期的产奶量为600～1 200公斤。瑞士最高个体产奶纪录为1 511公斤。

（2）繁殖性能：吐根堡奶山羊全年发情，但多集中在秋季。母羊一岁半配种，公羊2岁配种，妊娠期150天左右，产羔率可超过170％。

第二章

良　料

一、羊饲料日粮配制的原则

（一）营养性原则

羊饲料日粮的配制必须以羊群的营养标准为依据，并结合不同生产条件和羊群的生长情况进行灵活的调整。同时，在羊饲料日粮配制中还要注重饲料多样化，保证多种饲料能够合理搭配使用，充分发挥各个饲料种类的营养价值。羊饲料应该保证有青饲料、干粗饲料、青贮饲料、精饲料和各种补充制剂科学搭配，通常总日粮干物质比例按照如下配方配制：青粗饲料 50%～60%，精饲料 40%～50%。在精饲料中玉米等籽实饲料占 30%～50%，蛋白质饲料占 15%～20%，剩余的是矿物质、维生素和各种添加剂。

（二）经济性原则

饲养成本的高低直接决定了养殖效益。羊可以采食大量青、粗饲料，通过反刍慢慢地咀嚼消化，故羊群的饲料来源比较广泛，其中像玉米、豆类和花生的秸秆都是不错的青、粗饲料来源，而用价格低廉的精饲料如玉米、大豆等搭配日粮，能更好地控制饲养成本投入，获得更高的经济效益。羊对日粮中蛋白质的要求不高，日粮配制过程中，应该做到以青、粗饲料为主，适当补充一些精饲料。

（三）适口性原则

日粮的适口性与羊的进食量有着最直接的关系，如果日粮的适口性较差，就会造成采食量减少，日粮浪费增加，对羊群健康生长会造成严重威胁。对于育肥羊来说，如果饲料品质差、适口性差，会很不利于羊的增重，严重影响育肥。故保证日粮的适口性，是提高采食率的关键。因此，对于一些适口性较差的饲料，特别是一些秸秆较硬容易伤害到羊口腔和胃黏膜的粗饲料，一定要经过全面揉搓、粉碎后饲喂，同时还要向饲料中添加一定量的调味剂，改善适口性。

（四）安全性原则

最近几年，随着养羊产业的规模化和产业化发展，以及消费者对绿色安全食品的需求量的提高，人们都希望购买到安全无公害的羊肉制品，因此，养羊一定要保证饲养管理的安全性，而这就需要做好羊饲料日粮配制的安全性工作。饲料原料一定要优质安全、质地好、无毒无害、无污染，严禁使用发霉变质的饲料。日粮配制过程中，要适度添加其他添加剂，树立安全意识，控制好抗生素和激素的使用量，加强无公害安全意识，严禁添加国家禁止使用的兽药。

二、羊常用饲料的种类和特点

羊饲料有很多种类，可分为植物性饲料、动物性饲料、矿物性饲料及其他特殊饲料。其中植物性饲料如粗饲料、青贮饲料、多汁饲料和精料对羊特别重要。此外，还应补饲矿物质、维生素和非蛋白氮等。

（一）粗饲料

粗饲料又叫粗料，系指含能量低、粗纤维高（达到干物质 20%以上）的植物性饲料，如干草、秸秆和秕壳等。这类饲料的体积大、消化率低，但资源丰富，是羊等草食家畜主要的补饲饲料。

1. 干草

干草是由青绿牧草在抽穗期或花期收割后干制而成（图 2-1、图 2-2）。干草调制成功后，仍保留一定的青绿颜色，也叫青干草。

图 2-1　苜蓿干草（1）

图 2-2　苜蓿干草（2）

干草调制过程中，牧草会损失20%～40%的营养物质，只有维生素D_3增加。干草营养价值与牧草种类、物候期和调制技术密切相关。干草的特点是粗纤维含量较高，一般是26.5%～35.6%。豆科干草粗蛋白质含量较高（14.3%～21.3%），禾本科牧草和禾谷类作物干草较低（7.7%～9.6%），但能量值差异不大。一般豆科干草钙的含量高于禾本科干草。

2. 秸秆

秸秆系指农作物收获后剩下的茎叶部分（图2-3、图2-4）。秸秆的特点是粗纤维含量高，占干物质的31%～45%，木质素、半纤维素含量高，如燕麦秸秆粗纤维含量为49%，木质素为14.6%。而且纤维素、半纤维素和木质素结合紧密、质地粗硬、适口性差、消化率低。豆科秸秆粗蛋白质含量不足10%，禾本科在4.2%～6.3%，粗脂肪含量不到2%。胡萝卜素含量低，每千克禾谷类秸秆为1.2～5.1毫克。秸秆饲料虽有许多不足之处，但可经过加工调制提高营养价值和适口性，成为羊冬季补饲的主要饲料。

图2-3　玉米秸秆

图2-4　麦草秸秆

（二）青贮饲料

青贮饲料是将新鲜青绿饲料装填到密闭的青贮容器内，在厌氧条件下利用乳酸菌发酵产生乳酸，使青贮物pH接近4.0时，所有微生物处于被抑制状态，从而能长时间保存的青绿饲料。在制作青贮过程中，营养物质损失低于10%。青贮饲料粗蛋白质和胡萝卜素含量较高，具有酸香味，柔软多汁，适口性好，容易消化，是冬季优良的补饲饲料。图2-5、图2-6。

图 2-5　青贮饲料（1）

图 2-6　青贮饲料（2）

青贮饲料一般经20天左右的乳酸发酵即可开窖取用，其品质的优劣与青贮原料种类、收割时期以及青贮技术等密切相关。青贮饲料的品质可用感官方法鉴定，即用感官辨别青贮料的色、香、味、触感等。

一般优质的青贮饲料应接近作物原先的颜色，影响青贮饲料色泽的主要因素是原料发酵的温度，青贮器（窖、袋）内温度越低，青贮饲料就越接近于原有的颜色。对于禾本科植物，温度高于30 ℃，颜色变成深黄；当温度在45～60 ℃，颜色近于棕色；温度超过60 ℃，颜色近乎黑色。故品质优良的青贮饲料颜色呈黄绿色或青绿色，中等的为黄褐色或暗绿色，劣质的为褐色或黑色。

优质青贮饲料有好闻的酸味、果香或芳香味，这种青贮饲料pH在4.0以下，乳酸含量多。若有刺鼻的酸味，则醋酸较多，青贮饲料品质较次。若有强烈的臭味、氨味加上腐烂腐败的青贮饲料为劣等，不能作为羊饲料使用。

优良的青贮饲料，虽然在窖内压得非常紧实，但拿时松散柔软，略湿润，不粘手，植物的茎叶等结构能清晰辨认，茎、叶、花保持原状，容易分离；中等青贮饲料植物茎叶部分保持原状，柔软，但水分稍多；劣等的青贮饲料结成一团，腐败发黏，植物结构受到破坏及呈黏滑状态，这是青贮饲料腐败的标志，黏度越大，表示腐败程度越高（表2-1）。

表2-1 青贮饲料的感官鉴定标准

等级	颜色	酸味	气味	质地
优良	黄绿色、绿色	较浓	芳香酸味	柔软湿润、茎叶结构良好
中等	黄褐色、墨绿色	中等	芳香味弱，稍有酒精酪酸味	柔软、水分稍干或稍多、结构变形
低劣	黑色、褐色	淡	刺鼻腐臭味	黏滑或干燥、粗硬、腐烂

（三）精饲料

精饲料又称精料。精饲料系指体积小、粗纤维含量低、能量含量高的饲料，如籽实饲料（玉米、大麦、高粱、青稞、燕麦、豌豆和蚕豆等）（图2-7至图2-10）。糠麸饲料（种子表皮磨下部分，含有少量淀粉）的粗纤维含量略高于籽实饲料而低于粗饲料，其能量少于籽实饲料，多于粗饲料，故亦列入精饲料。油饼类饲料的蛋白质含量高，粗纤维含量少于粗饲料，能量与籽实饲料几乎相等，是蛋白质的补充饲料，也可列入精饲料。精料是羔羊、母羊妊娠后期、种公羊重要的补充饲料。

图 2-7　大豆

图 2-8　玉米

图 2-9　小麦麸皮

图 2-10　燕麦

（四）块根块茎类饲料

块根块茎类饲料属于多汁饲料，如马铃薯、胡萝卜、甜菜、菊芋、莞根等（图 2-11 至图 2-14）。其水分和可溶性碳水化合物含量

图 2-11　甜菜颗粒

图 2-12　土豆

高，粗纤维和蛋白含量（按干物质计算）接近禾本科籽实饲料，适口性好，易消化。可用于羊冬季补充饲料，以平衡全年饲料供应。

图 2-13　胡萝卜

图 2-14　菊芋

（五）矿物质饲料

矿物质饲料属于无机物饲料。羊体所需要的多种矿物质只从植物性饲料中获得是得不到满足的，需要外源补充。常用的矿物质补充饲料有食盐、骨粉、石灰石粉、蛋壳粉、贝壳粉和脱氟磷矿粉等（图 2-15 至图 2-18）。

图 2-15　食盐

图 2-16　贝壳粉

图 2-17 蛋壳粉

图 2-18 舔砖

（六）微量元素添加剂

饲料中微量元素的含量取决于植物种类和生长条件（土壤、肥料、气候），所以各地微量元素缺乏并不尽一致，需要有针对性地用化学纯制剂补充。在日粮中，由于添加量很少，每吨饲料为 1～9 克，因此必须混合均匀，使用时必须干燥。如利用不同盐类来补充微量元素，剂量应根据其所含的微量元素的数量计算。

（七）维生素添加剂

放牧绵、山羊在冬春枯草期，常会出现维生素不足，配种季节的种公羊、枯草期的妊娠母羊和幼龄羊都需要添加维生素。目前，常用的维生素添加剂有维生素 A、维生素 D_3、维生素 E、维生素 K_3、维生素 B_1、维生素 B_2、维生素 B_6、氯化胆碱、泛酸钙、叶酸和生物素等。

（八）动物性饲料

动物性饲料是指来源于动物产品的饲料，如鸡蛋、牛奶、羊奶、脱脂奶、肉粉、鱼粉、血粉、肉骨粉和蚕蛹等（图 2-19 和图 2-20）。动物性饲料的特点是富含蛋白质（骨粉除外），其多用于饲喂种公羊，以提高优秀种公羊的配种能力，扩大与配母羊数量，充分发挥优秀个体的作用。

图 2-19　蚕蛹

图 2-20　肉骨粉

三、各类饲料的调制和饲喂方法

饲料调制是为了保证饲料的品质，减少营养损失，增加适口性，易于消化，便于采食，提高饲料的营养价值和利用率。此外，对某些不能直接饲用的副产品，通过加工调制后可变成饲料，有利于开辟饲料来源。

（一）粗饲料的调制和饲喂方法

1. 粗饲料的调制

（1）干草的调制：青绿饲料的含水量一般为 65%～85%，需要降低到 15%～20%，才能抑制植物酶和微生物酶的活动，以达到贮备干草的目的。贮备干草的方法主要有田间干燥法、人工干燥法和干草块法。

①田间干燥法：它是调制干草最普通的方法。牧草刈割后，即采用薄层平铺曝晒 4～5 小时，使水分迅速降至 38%。之后水分仍继续蒸发，但速度减慢，可采用小堆晒干。为了提高干燥速度，可用压扁机把牧草压扁、破碎，有条件还可利用田间机械快速干燥。

我国调制干草正值雨季，在高寒地区调制燕麦干草，可推迟到5月份播种，9月份早霜来临植株被冻死冻干，仍保持绿色，调制冻干草，可避开雨季。在调制干草过程中，应尽量避免营养丰富的叶片脱落。我国一般以堆垛形式贮藏干草，堆垛的地点选择在地势高燥、易于排水的地方。垛底垫有树枝或石头。堆垛后盖好垛顶，垛顶的斜度大于45°，干草可贮藏在草棚或草房内（图2-21）。

图2-21 田间干燥法

②人工干燥法：其办法是将鲜草置于45～50 ℃小室内停放几小时，水分降至10.5％～12％，或在500～1 000 ℃下干燥6秒，水分可降至10％～12％（图2-22）。这种干燥方法可保存干草养分的90％～95％。

图2-22 人工干燥法

③干草块法：当牧草水分干燥至15%左右时，用干草制块机制作干草块（图2-23）。通常每块重45～50克。其形状有砖块状、柱状和饼状等。干草块的特点是保存养分性能好，单位体积重量大，在通风良好的情况下，可贮存6个月，可作为羊的基础饲料。

此外，还可采用传统的草架晒制干草的方法（图2-24）。

图2-23 干草块法

图2-24 草架晒制法

（2）秸秆调制

①铡短和粉碎：干草和秸秆可切短至2～3厘米长，或用粉碎机粉碎，但不宜粉碎得过细或成粉面状，以免引起反刍停滞，降低消化率。

②浸泡：秸秆铡短或粉碎后，用水或淡盐水浸泡，使其软化，可增强适口性，提高采食量。用此种方法调制的饲料，水分不能过大，应按用量处理，一次性喂食。

③秸秆碾青：在晒场上，先铺上约30厘米厚的麦秸，再铺约30厘米厚的鲜苜蓿，最后在苜蓿上面铺约30厘米厚的秸秆，用石滚或镇压器碾压，把苜蓿压扁，汁液流出被麦秸吸收。这样既缩短苜蓿干燥的时间，减少养分的损失，又提高麦秸的营养价值和利用率。

④秸秆制成颗粒饲料：将秸秆、秕壳和干草等粉碎后，根据羊的营养需要配制适当的精料，糖蜜（糊精和甜菜渣）、维生素和矿物质添加剂混合均匀，用机器生产出不同大小的颗粒饲料。秸秆和秕壳在颗粒饲料中的适宜含量为30%～50%。这种饲料营养价值全面，体积小易于贮存和运输。

⑤秸秆添加尿素：将秸秆粉碎后，加入尿素（占全部日粮总氮量的30%）、糖蜜（1份尿素、5～10份糖蜜）、精料、维生素和矿物质，压制成颗粒（饼状或块状）。这种饲料粗蛋白质含量提高，适口性好，延缓氨在瘤胃中释放速度，防止中毒，可降低饲料成本和节约蛋白质饲料。

⑥秸秆的氨化处理：秸秆氨化能提高粗蛋白质含量。目前，处理秸秆所用的氨有气氨、液氨和固体氨三种方法，但多用液氨。氨化秸秆的含水量应达到20%～30%。可在壕、窖或塑料袋等容器内进行，也可堆垛。在容器内氨化，秸秆可铡短装入，按每100公斤秸秆洒入浓度为25%的氨水12～20公斤，也可按100公斤秸秆30～40公斤水和2公斤尿素配制的溶液洒入秸秆、密封。对大捆大堆秸秆氨化，用0.15～0.2毫米厚的聚乙稀薄膜或其他不透气薄膜覆盖严密，通过铁管带喷头，从堆或捆几个点注入氨水。温度保持

在 20 ℃以上，暖季约 1 周、冷季约 1 个月即可“熟化”利用。

2. 粗饲料的饲喂方法

调制粗饲料主要用于冬、春季补饲。放牧绵、山羊每天晚上补饲一次。下雪和产羔期每天早晚各补饲一次，若饲草充足还可喂一次夜草。若饲喂没有铡短的干草应设置草架饲喂，铡短的粗饲料在食槽饲喂。要防止羊抢食弄脏饲草，造成浪费。氨化秸秆，在饲喂前 2～3 天启封，必须等游离氨散发无氨味后才能饲喂，否则会造成氨中毒或羊眼被氨气薰蒸失明。

还可在粗饲料内添加尿素，但要严格控制尿素喂量，每 10 公斤体重可喂 2～3 克。成年羊每天 10～15 克，育成羊每天 6～10 克，分 2～3 次喂给，喂后不能立即饮水。尿素不能代替全部饲料粗蛋白质，尿素喂量可占全部日粮总氮量的 30%。尿素不能与豆饼混喂，因豆饼（包括大豆）、苜蓿中含有脲酶，对尿素有迅速分解作用，会使羊中毒。如将豆饼等经高温处理，脲酶破坏后，同时喂则无害。

（二）青贮饲料的调制和饲喂方法

1. 青贮饲料的调制

青贮饲料的调制有三种方法，即常规青贮、半干青贮和加入添加剂青贮。

（1）常规青贮

①青贮成功必备的条件：青贮原料的含糖量一般不低于 1.0%～1.5%，以保证乳酸菌繁殖的需要；含水量适度，一般为 65%～75%，标准含量为 70%；密闭缺氧环境；青贮容器内温度不得超过 38 ℃（19～37 ℃）。

②青贮建筑的基本要求：坚实、不透气、不漏水、不导热，高出地下水位 0.5 米以上；内壁光滑垂直或上小下大，壕的四角应为

圆形；窖（壕）应选择在地势高燥、地下水位低、土质坚实、易排水和距羊舍较近的地方。

③青贮的具体步骤：

a. 青贮原料的收割时期。全株玉米青贮在乳熟至腊熟期收割；玉米秆青贮在完熟而茎叶尚保持绿色时收割；天然牧草在盛花期收割（图 2-25）。

b. 青贮原料的铡短、装填与压紧。青贮原料铡短至 2～3 厘米（牧草也可整株青贮）。装填时，若原料太干，可加水或含水量高的青绿饲料；若太湿，可加入铡短的秸秆，再加入 1%～2%的食盐。在装填前，底部铺 10～15 厘米厚的秸秆，然后分层装填青贮料。每装 15～30 厘米，必须压紧一次，尤其应注意压紧四周（图 2-26）。

图 2-25　收割青贮玉米

图 2-26　青贮装填与压紧

c. 青贮的封顶。青贮原料高出窖（壕）上沿 1 米，在上面覆盖一层塑料薄膜，然后覆土 30～50 厘米。封顶后要经常检查，若有下陷和出现裂缝的地方应及时培土。四周应设排水沟，以防雨水进入（图 2-27）。

（2）半干青贮：半干青贮又叫低水分青贮，是将青贮原料的水分降到 40%～55%，使厌氧微生物（包括乳酸菌）处于干燥状态。半干青贮营养损失少，一般不超过 15%。对建筑物的要求基本与常

图 2-27 青贮封顶

规青贮相同。

半干青贮原料的收割物候期，豆科为初花期，禾本科为抽穗期。水分含量豆科为 50%，禾本科为 45%。青贮原料的铡短、装填、压严、封顶、密闭的要求与常规青贮相同。

(3) 加入添加剂青贮：添加到青贮料中的物质归纳为两类：一类是有利于乳酸菌活动的物质，如糖蜜、甜菜和乳酸菌制剂等；另一类是防腐剂，如甲酸、丙酸、亚硫酸、焦亚硫酸钠、甲醛等。如果在青贮中加酸，青贮料在发酵过程中，pH 很快降到所需要的酸度，从而降低了青贮初期好氧和厌氧发酵对营养物质的消耗。如每吨青贮原料加入甲酸 2.3 公斤，可使其 pH 下降到 4.2～4.6，加上青贮中相继的发酵过程，可使 pH 进一步降到所需要的水平。加入添加剂青贮，能使青贮料的营养物质得到提高。由于加入添加剂数量很少，所以务必与青贮料混合均匀。

2. 青贮饲料的饲喂方法

青贮原料在窖内青贮 40～60 天便可完成发酵过程，即可开窖取用。开窖后，先除去泥土和霉层，然后从上层逐层平行往下取喂，保持取用表面平整，每天取用厚度不少于 10 厘米，取后必须盖严，以免青贮料与空气接触时间过长而变质。长方形青贮壕，从一端开始，上下平行逐渐往里取用。青贮饲料应现取现用，不得提前取出，防止冰冻和变质。青贮饲料应放在食槽内饲喂，切忌撒在地面上喂。若每天补饲 1 次，可在归牧时喂给，日喂量为 1～1.5 公斤/只；若每天饲喂 2 次，则早、晚各饲喂 1 次，日喂量可达 3 公斤/只。怀孕母羊产前 15 天停喂青贮饲料。

（三）精饲料的调制和饲喂方法

1. 精饲料的调制

禾谷类和豆类籽实被覆着颖壳或种皮，需加工调制。如果精料单独饲喂，可制成颗粒状（2 毫米）或压扁，若制成粉状则羊不爱吃。如果精料与粉碎的饲料混合拌喂，可提高适口性，增加采食量。

精料压扁是将精饲料如玉米、大麦、高粱等加入 16%的水，用蒸汽加热至 120 ℃左右，用压扁机压成片状，干燥并配以所需的添加剂，便制成了压扁饲料（图 2-28）。

油饼类饲料加工，可采用溶剂浸提法和压榨法（图 2-29）。浸提法所生产的油饼类，未经高温处理，须脱毒处理后才能作饲料。压榨法通过高温处理，生产的油饼类不须脱毒处理。但由于高温、高压处理，赖氨酸和精氨酸之类的碱性氨基酸损失大。

图 2-28　玉米压片

图 2-29　油饼类饲料

2. 精料的饲喂方法

根据羊的营养需要配制日粮。一般豆饼占精料量的1/3，豆饼每只日喂量不得超过200克。精饲料的饲喂次数，一般日喂量400克以下，可喂1次；500～800克分2次饲喂；1 000～1 500克分3次。3种喂量的喂料时间可分别在下午收牧时，上午、下午各1次和早、午、晚各1次。精料可与铡短的干草拌喂。喂粉料前，应拌入适量的水混匀达到手能捏成团又能撒得开的程度时饲喂，以便羊采食。喂精料时，应防止羊只拥挤，采食不均，喂完后将食槽清洗干净倒放，保持清洁。

（四）块根块茎饲料的调制和饲喂方法

块根块茎饲料附有泥土，饲喂前应洗净，除去腐烂部分，切成小薄片或小长条，以利于羊的采食和消化。不喂整块，以避免因羊抢食而造成食道梗塞。多与精料拌合饲喂，也可单喂。

（五）矿物质饲料的调制和饲喂方法

矿物质添加剂市场上多有成品出售。为了降低饲养成本，有条件的地区可以自行生产，加工调制。骨粉的调制，可利用各类兽骨，经高压蒸制后，晒干粉碎。石灰石粉（碳酸钙）的调制，可将石灰石打碎磨成粉状，还可将陈旧的石灰和商品碳酸钙等调制成粉状。蛋壳和贝壳经煮沸消毒后晒干制成粉状。磷矿石经脱氟处理，调制成粉状。矿物质饲料可与精料混合喂给。食盐和石灰石粉除加入精料饲喂外，还可放在食槽内自由舐食。

此外，微量元素和维生素添加剂以及动物性饲料，根据羊体需要均可拌在精料中喂给，但务必混合均匀。

四、日粮配方推荐

（一）羔羊育肥配方

1. 全精料型日粮育肥配方

新农0602号配方：玉米粒96%，蛋白质平衡剂4%，矿物质自由采食。其中蛋白质平衡剂成分为苜蓿草62%、尿素31%、黏固剂4%、磷酸氢钙3%，经粉碎混合后制成直径为0.6厘米的颗粒，矿物质成分为石灰石粉50%、氯化钾15%、硫酸钾5%、骨粉19.5%、食盐9.6%、多种微量元素0.9%。

2. 粗饲料型日粮育肥配方

新农0603号配方：玉米粒55%，干草为43%，黄豆饼1%，抗生素1%；或者全株玉米70%，干草20%，蛋白质补充剂10%，其中蛋白质补充剂配方为黄豆饼50%、麸皮33%、稀糖蜜5%、尿素3%、石灰石粉3%、磷酸氢钙5%、微量元素1%。日粮中干草应以豆科牧草为主，日粮要成色一致，尤其是带穗的玉米必须碾碎，以羔羊难以挑出玉米粒为佳。每只羔羊日喂量应为1.5～2公斤。

3. 青贮饲料型日粮育肥配方

以玉米青贮饲料为主，可占到日粮的70%～80%。

新农0604号配方：碎玉米24.5%，青贮玉米70%，黄豆饼5%，石灰石粉0.5%，另加维生素A 1 100国际单位和维生素D 110国际单位，抗生素11毫克。

（二）成年羊育肥配方

新农0606号配方：干草0.5公斤，青贮玉米4.0公斤，碎谷粒0.5公斤。此配方日粮中含干物质40.60%，粗蛋白质4.12%，钙

0.24%，磷 0.11%。

新农 0607 号配方：干草 1 公斤，青贮玉米 0.5 公斤，碎谷粒 0.7 公斤。此配方日粮中含干物质 84.55%，粗蛋白质 7.59%，钙 0.6%，磷 0.26%。

新农 0608 号配方：青贮玉米 4 公斤，碎谷粒 0.5 公斤，尿素 10 克，秸秆 0.5 公斤。此配方日粮中含干物质 40.72%，粗蛋白质 3.49%，钙 0.19%，磷 0.09%。

第三章

良　法

不同生产用途的羊对饲养管理的要求不同，优良品种的家畜，必须要有优良的饲草料，还要有科学高效的饲养管理，才能产生良好的经济效益。

一、种公羊的饲养与调教

种公羊的饲养管理要求比较精细，维持中上等膘情，力求常年保持健壮繁殖体况。配种季节前后应保持较好膘情，使其配种能力强，精液品质好，提高利用率。种公羊的饲料要求营养含量高，有足量优质的蛋白质、维生素 A、维生素 D 以及无机盐等，并且容易消化、适口性好。可因地制宜，就地取材，力求饲料多样化，合理搭配，以使营养齐全。种公羊的日粮应根据非配种期和配种期的不同饲养标准来配合，再结合种公羊的个体差异作适当调整。

（一）非配种期种公羊的饲养管理

1. 非配种期的饲养

非配种季节要保证热能、蛋白质、维生素和矿物质等的充分供给。营养标准具体见表 3-1。

表 3-1　种公羊非配种期的饲养标准

饲养期	体重/公斤	风干饲料/公斤	消化能/兆焦	可消化粗蛋白质/克	钙/克	磷/克	食盐/克	胡萝卜素/毫克
非	70	1.8～2.1	16.7～20.5	110～140	5～6	2.5～3	10～15	15～20
配	80	1.9～2.2	18～21.8	120～150	6～7	3～4	10～15	15～20
种	90	2.0～2.4	19.2～23	130～160	7～8	4～5	10～15	15～20
期	100	2.1～2.5	20.5～25.1	140～170	8～9	5～6	10～15	15～20

一般来说，在早春和冬季没有配种任务时，体重80～90公斤的种公羊，每天需1.5公斤左右的饲料单位，150克左右的可消化蛋白质。配种期每日补喂混合精料0.5公斤，干草3公斤，胡萝卜0.5公斤，食盐5～10克，骨粉5克。

2. 非配种期管理

公、母羊要分圈饲养，将几只公羊饲养在一个羊圈内，要少喂勤添，定时分顿饲喂，一般每天分3次饲喂，保证供给充足的饮水。圈舍要勤打扫，保持清洁干净，通风良好。注意公羊的运动，使公羊保持健康活泼的体况。

3. 注意事项

①种公羊的管理要专人负责，保持常年相对稳定。

②种公羊单独组群放牧、单圈饲养，避免公、母混养，以免造成盲目交配或影响公羊性欲。放牧的同时要做好补饲。

③加强运动，每日运动时间不低于2小时，或以放牧代替运动。

④保持羊舍清洁干燥，定期消毒。

⑤选择高效、安全的抗寄生虫药，定期对羊只进行驱虫药浴。

⑥定期浴蹄、修蹄。

⑦做好系谱档案记录、后代生产性能等资料管理工作。

⑧加强对初次配种公羊的调教，4～5岁公羊应淘汰。

⑨公羊初配时宜7天1次，成年公羊每日采精2次，育成公羊

采精隔日1次或1天1次。

⑩日配一次时宜在早饲后1～2小时后进行，日配2次时，早晚各1次，如公羊每天连续配种，每周休息1天。

另外还要注意做到：运动和饮水前后半小时，不要配种或采精，以免影响公羊健康。种公羊在非配种期，虽然没有配种任务，但仍不能忽视饲养管理工作。除放牧采食外，应补给足够的热能、蛋白质、维生素和矿物质饲料。

（二）配种期种公羊的饲养管理

1. 配种期种公羊的饲养

配种期每生产1毫升的精液，需消化粗蛋白质50克。此外，激素和各种腺体的分泌物以及生殖器官的组成也离不开蛋白质，同时维生素A和维生素E与精子的活力和精液品质有关。只有保证种公羊充足的营养供应，才能使其性欲旺盛，精子密度大、活力强，母羊受胎率高。一般应从配种预备期（配种前1～1.5个月）开始增加精料给量，一般为配种期饲养标准的60%～70%，然后逐渐增加到配种期的标准。同时在配种预备期采精10～15次，检验精液品质，以确定其利用强度。种公羊饲养标准见表3-2。

表3-2　种公羊的饲养标准

饲养期	体重/公斤	风干饲料/公斤	消化能/兆焦	可消化粗蛋白质/克	钙/克	磷/克	食盐/克	胡萝卜素/毫克
配种期(1)	70	2.2～2.6	23.0～27.2	190～240	9～10	7.0～7.5	15～20	20～30
	80	2.3～2.7	24.3～29.3	200～250	9～11	7.5～8.0	15～20	20～30
	90	2.4～2.8	25.9～31.0	210～260	10～12	8.0～9.0	15～20	20～30
	100	2.5～3.0	26.8～31.8	220～270	11～13	8.5～9.5	15～20	20～30
配种期(2)	70	2.4～2.8	25.9～31	260～370	13～14	9～10	15～20	30～40
	80	2.6～3.0	28.5～33.5	280～380	14～15	10～11	15～20	30～40
	90	2.7～3.1	29.7～34.7	290～390	15～16	11～12	15～20	30～40
	100	2.8～3.2	31～36	310～400	16～17	12～13	15～20	30～40

注：配种期(1)为配种2～3次；配种期(2)为配种3～4次。

在配种期内，体重 80～90 公斤的种公羊，每天需要 2 公斤以上的饲料单位、250 克以上的可消化蛋白质，并且根据日采精次数的多少，相应地调整常规饲料及其所需饲料（如牛奶、鸡蛋等）的定额。一般可按混和精料 1.2～1.4 公斤、青干草 2 公斤、胡萝卜 0.5～1.5 公斤、食盐 15～20 克、骨粉 5～10 克的标准喂给。

2. 配种期种公羊的管理

种公羊配种前 1～1.5 个月开始采精，同时检查精液品质。开始时一周采精 1 次，以后增加到一周 2 次，然后 2 天 1 次，到配种时每天可采 1～2 次。对小于 18 月龄的种公羊 1 天内采精不得超过 2 次，且不要连续采精；2 岁半以上的种公羊每天采精 3～4 次，最多 5～6 次。采精次数多时，每次间隔需在 2 小时左右，使种公羊有休息时间。公羊采精前不宜吃得过饱。对精液密度较低的种公羊，日粮中可加一些动物性蛋白质，如鱼粉、发酵血粉等，同时要加强运动，特别是对精子活力较差的种公羊加强运动。

种公羊配种期的饲养管理日程安排如下：

7：00～8：00：运动，距离 2 000 米。

8：00～9：00：喂料（精料和多汁饲料占日粮的 1/2，鸡蛋 1～2 枚）。

9：00～11：00：采精。

11：00～15：00：放牧结合运动和饮水。

15：00～16：00：圈内休息。

16：00～18：00：采精。

18：00～19：10：喂料（精料和多汁饲料占日粮的 1/2，鸡蛋 1～2 枚）。

（三）小公羊调教

对于初次参加配种的公羊要进行采精调教，可采用的方法如下：

（1）同圈法：将不会爬跨的公羊和若干只发情母羊关在一起过几夜，或与母羊混群饲养几天，公羊便会开始爬跨。

（2）诱导法：在其他公羊配种或采精时，让被调教公羊站在一旁观看，然后诱导它爬跨。

（3）按摩睾丸：在调教期每日定时按摩睾丸10～15分钟，或用冷水湿布擦睾丸，几天后则会提高公羊性欲。

（4）药物刺激：对性欲差的公羊，隔日每只注射丙睾丸素1～2毫升，连续注射3次后可使公羊爬跨。

二、母羊的饲养管理

母羊应按等级、年龄组群，常年给予良好的饲养管理，使之保持良好的体况。母羊可分为空怀期、妊娠期（包括前期3个月和后期2个月）、哺乳期（前后期各2个月，规模化羊场现在多采用哺乳2个月即断奶）等阶段。

（一）空怀期的饲养管理

1. 空怀期对营养的需要

空怀期是指从羔羊断乳到配种受胎的时期。母羊空怀期的营养状况直接影响着发情、排卵及受孕。加强空怀期母羊的饲养管理，尤其是配种前的饲养管护对提高母羊的繁殖力十分关键。空怀期母羊营养需要量见表3-3。

表3-3 空怀期母羊饲养标准

月龄	体重/公斤	干饲料/公斤	消化能/兆焦	可消化粗蛋白质/克	钙/克	磷/克	食盐/克	胡萝卜素/毫克
4～6	25～30	1.2	10.9～13.4	70～90	3.0～4.0	2.0～3.0	5～8	5～8
6～8	30～36	1.3	12.6～14.6	72～95	4.0～5.2	2.8～3.2	6～9	6～8
8～10	36～42	1.4	14.6～16.7	73～95	4.5～5.5	3.0～3.5	7～10	6～8
10～12	37～45	1.5	14.6～17.2	75～100	5.2～6.0	3.2～3.6	8～11	7～9
12～18	42～50	1.6	14.6～17.2	75～95	5.5～6.5	3.2～3.6	8～11	7～9

2. 饲养管理

空怀期是指从羔羊断奶至下期配种前2～3个月的时间。这一时期的饲养任务是恢复母羊体况，增加体重，补偿哺乳期消耗，为下次配种做好准备。加强空怀期的饲养管理对提高母羊的受胎率、双羔率有一定的益处。该时期饲养管理应注意以下几点：①尽可能早地让羔羊断乳，以减轻母羊负担。②加强营养，其日粮的标准为：混合精料0.2～0.3公斤，干草0.3～0.5公斤，秸秆0.5～0.7公斤。对体质较差、瘦弱的羊要适当补充混合精料，使母羊在配种时达到7～8成膘。③在配种前30～40天，要根据母羊体况给予短期优饲，增加优质干草、混合精料，以增强母羊体质，促进母羊集中发情，提高双羔率5％～10％。④对全群母羊进行体内外寄生虫的驱虫处理。

空怀期管理要点如下：

（1）早期断奶：早期断奶的时间应根据不同的生产需要和断奶后羔羊的管理水平来决定，对2月龄前断奶的羔羊，要先解决人工乳和人工育羔等方面的技术问题。2月龄后断奶的羔羊消化功能已得到一段时间的锻炼，饲喂易消化的精饲料和优质饲草就可以保证其身体的正常生长发育。

（2）公羊诱导：在母羊圈外放1只公羊，每天2～3次，每次1～2小时，或者每天将公羊放入母羊群2～3次，每次1～2小时，使公羊的气味、叫声对母羊起到刺激和诱导作用。在繁殖季节，这种做法的效果较好；在非繁殖季节，公、母羊混群后，相互没有新鲜感，公羊反而会性欲下降。

（3）激素处理：先用孕激素预处理12～14天（放置阴道栓），在预处理结束（撤栓）前1～2天或当天肌内注射孕马血清500～

1 000 单位（每千克母羊体重用量约为 10 单位），可取得较好的处理效果。

（二）妊娠期的饲养管理

1. 胚胎发育对营养的需要

母羊在妊娠期所需营养是比较多的，一方面是供给胎儿发育生长所必需的营养；另一方面是母羊自身也需要储备一定营养为分娩后泌乳做准备。妊娠前期如营养不足，常可造成胚胎被吸收或流产，后期则可造成胎儿某些部位的发育受阻，即使以后改善饲养也很难纠正。妊娠后期的新陈代谢，要比空怀母羊高出 15% 以上。钙、磷需要也相应增加，50 公斤重的母羊钙每日应增加到 8.89 克、磷 4.9 克。维生素 A 和维生素 D 更不能缺乏，它与钙、磷配合起作用，否则产羔会软弱，抵抗力差，母羊瘦弱，泌乳不足。此时胡萝卜素日给量不得缺少。此外在土壤和牧草缺硒的地区，还应注意维生素 E 和硒的补给，否则所生羔易患白肌病（表 3-4）。

表 3-4 妊娠期母羊饲养标准

妊娠期	体重/公斤	风干饲料/公斤	消化能/兆焦	可消化粗蛋白质/克	钙/克	磷/克	食盐/克	胡萝卜素/毫克
前期	40	1.6	12.6～15.9	70～80	3.0～4.0	2.0～2.5	8～10	8～10
	50	1.8	14.2～17.6	75～90	3.2～4.5	2.5～3.0	8～10	8～10
	60	2.0	15.9～18.4	80～85	4.0～5.0	3.0～4.0	8～10	8～10
	70	2.2	16.7～19.2	85～100	4.5～5.5	3.8～4.5	8～10	8～10
后期	40	1.8	15.1～18.8	80～110	6.0～7.0	3.5～4.0	8～10	10～12
	50	2.0	18.4～21.3	90～120	7.0～8.0	4.0～4.5	8～10	10～12
	60	2.2	20.1～21.8	95～130	8.0～9.0	4.0～5.0	9～12	10～12
	70	2.4	21.8～23.4	100～140	8.5～9.5	4.5～5.5	9～12	10～12

2. 妊娠期饲养管理

母羊在配种后 17～20 天内不发情，表明其已受胎妊娠。妊娠期分为妊娠前期和妊娠后期，此阶段的饲养管理对胎儿的生长及羔羊的初生重、健康状况和羔羊成活率都相当重要。

（1）妊娠前期：前3个月为妊娠前期，此时多为秋冬季节，胎儿发育较慢。母羊怀孕头一个月左右，很容易受外界饲喂条件的影响，喂给母羊变质、发霉或有毒的饲料，容易引起胚胎早期死亡；母羊的日粮营养不全面，缺乏蛋白质、维生素和矿物质等，也可能引起受精卵中途停止发育，所以母羊怀孕头3个月的饲养管理是保证胎儿正常生长发育的关键时期。此时胎儿尚小，母羊所需的营养物质虽要求不高，但必须相对全面。妊娠前期母羊对粗饲料的消化能力较强，只要维持母羊处于配种时的体况即可满足其营养需要。进入枯草季节后，应进行适当补饲，充分满足胎儿生长发育和组织器官分化对营养物质的需要，每只每天建议补饲秸秆0.5公斤、优质干草0.25公斤、混合精料0.3公斤。维生素、微量元素适量，自由啖盐。

（2）妊娠后期：妊娠后期胎儿生长发育快，为初生重的80%～85%。妊娠第4个月，胎儿平均日增重40～50克；妊娠第5个月日增重高达120～150克，且骨骼已有大量的钙、磷沉积。母羊妊娠的最后2个月，对营养物质的需要增加40%～60%，钙、磷的需要增加1～2倍。因此对妊娠母羊的饲养应将重点放在妊娠后期。此期的饲养管理对胎儿一生的生长发育和整个生产性能、经济效益的提高均有重要影响。如果该时期正值枯草季节，应注意补饲的数量和质量。由于妊娠后期胎儿及与妊娠有关的组织器官不断增大，在满足其营养需要的前提下要考虑饲料营养浓度。每只每天补饲秸秆0.5～1公斤、优质干草0.5公斤、混合精料0.5～0.7公斤，钙8～12克，磷4～6克，维生素、微量元素等量。妊娠期间喂用的饲料，既要富含营养物质，又不能使羊体质过肥，还要容易消化。饲喂要定时、定量、定温、定质。

3. 妊娠期管理要点

①保证充分运动。运动有利于胎儿的生长，产羔时不易发生难产。

②饲草、饲料一定要优良，严禁饲喂发霉变质的饲草饲料，否则易造成母羊流产。

③做好防流产工作。每天要密切注意羊只状态，饲草、饲料要保持相对稳定，且不可经常突然变化，以免产生应激反应而造成流产。赶羊出、入圈要平稳，不打羊，不惊吓羊，不让羊走冰滑地，抓羊、堵羊和其他操作时要轻。羊圈面积要适宜，每只羊在 2～2.5 米^2 为宜，防止过于拥挤或由于争斗而产生的顶伤、挤伤等机械伤害而造成流产。

④饮水要充足，不饮冰冻水、变质水和污染水，最好饮井水。可在水槽中撒些玉米面、豆面以增加羊只饮水欲。

⑤对于可能产双羔的母羊及初次参加配种的小母羊要格外加强管理。母羊临产前一周左右，放牧时不得走远，应在羊舍附近做适量的运动，以保证分娩时能及时回到羊舍。

⑥做好防寒工作。秋冬季节气温逐渐下降，一定要封好羊舍的门窗和排风洞，防止贼风，以降低能量消耗。

母羊产前一个月左右，应适当控制粗料的饲喂量，尽可能喂些质地柔软的饲料，如氨化、微贮或盐化秸秆以及青绿多汁饲料，精料中要增加麸皮喂量，以利于通肠利便。母羊分娩前 10 天左右，应根据母羊的消化、食欲状况，减少饲料的饲喂量。产前 2～3 天，若母羊体质好，乳房膨胀并伴有腹下水肿，应从原日粮中减少 1/3～1/2 的饲料喂量，以防母羊分娩初期乳量过多或乳汁过浓而引起母羊乳腺炎、回乳和羔羊消化不良而下痢；对于比较瘦弱的母羊，若产前一周乳房干瘪，除减少粗料喂量外，还应适当增加豆饼、豆浆或豆渣等富含蛋白质的催乳饲料，以及青绿多汁的饲料，以防母羊产后缺奶。

⑦母羊分娩时间选择。母羊妊娠期平均为150天，范围146～155天，在配种时间选择上应尽量产冬羔，分娩时间不宜超过2月底，因为这有利于实现当年羔羊当年可以全部利用。

母羊预产期的推算方法如下：配种月份加5，配种日期减3天。例如：一只母羊在2021年8月10日配种，该羊的产羔日期为2022年2月7日。

（三）哺乳期的饲养管理

1. 泌乳对营养的需要

母羊每昼夜的泌乳量，泌乳前半期为1.2～1.5公斤，后半期为0.6～1公斤，带双羔的母羊较此高出20%～30%。羊乳中含有乳酪素、白蛋白、乳糖和乳脂，这些成分是草料所不具有的，必须经乳腺细胞合成分泌而来。但在饲料中如果所提供的蛋白质、碳水化合物、矿物质和维生素不足，就会直接影响乳的产量和质量。乳酪素和白蛋白是生物学价值最高的蛋白质。饲料中供给的纯蛋白质必须高出乳中所含蛋白质的1.4～1.6倍。如蛋白质供给不足，不但影响产量，而且还会降低乳脂的含量，并使羊的体况下降。母羊在最高泌乳时期的营养需求约为空怀母羊的3倍。每生产1公斤乳，需补饲可消化粗蛋白质66克、钙3.6克和磷2.4克，由于乳脂率与乳中所含的钙、磷、镁之间有正向的相关，因此必须经常供给骨粉和食盐。维生素A、维生素B、维生素C、维生素D都对泌乳有重大作用，维生素B和维生素C能在体内合成，一般不会缺乏，而维生素A和维生素D则必须由饲料供给（表3-5）。

表 3-5　哺乳母羊的饲养标准（每羊每日）

体重/公斤	风干饲料/公斤	消化能/兆焦	可消化粗蛋白质/克	钙/克	磷/克	食盐/克	胡萝卜素/毫克
40	2.0	18.0～23.4	100～150	7.0～8.0	4.0～5.0	10～12	6～8
50	2.2	19.2～24.7	110～190	7.5～8.5	4.5～5.5	12～14	8～10
60	2.4	23.4～25.9	120～200	8.0～9.0	4.6～5.6	13～15	8～12
70	2.6	24.3～27.2	120～200	8.5～9.5	4.8～5.8	13～15	9～15

2. 哺乳期饲养管理

哺乳期分为哺乳前期（前 2 个月）和哺乳后期（后 2 个月）。母羊补饲重点在哺乳前期。羔羊出生后 15～20 天内，母乳是其唯一重要的营养物质，为了保证母乳并恢复产后母羊的体况，应保证营养供给。一般来说，在放牧基础上，每天每只母羊补饲多汁饲料 2 公斤、青干草 0.5～1 公斤、混合精料 0.5 公斤。哺乳后期，母羊泌乳量下降，加之羔羊已具有采食植物饲料的能力，羔羊已不再完全依赖母乳。哺乳后期的母羊，主要靠放牧摄取营养，对体况较差者，也可根据情况进行补饲，以利于其恢复体况。

现代规模养羊生产，一般母羊哺乳期多确定为 1.5～2 个月，在哺乳期内母羊按照带羔数量确定补饲精料，按每天每羔 300～350 克补饲精料，粗饲料和青贮饲料给量是根据母羊体重和体况，每只母羊每天喂量分别为 1.5 公斤左右、1 公斤左右。若有块根块茎类、糟渣类饲料，可以适当代替粗饲料和青贮饲料，每天喂量 300～500 克为宜。

三、肉羊育肥技术

（一）育肥方式的选择

羊的育肥方式归纳起来有 3 种：放牧育肥、舍饲育肥和混合育肥。

1. 放牧育肥

放牧育肥是草地畜牧业的一种基本育肥方式。利用天然草场、人工草场或秋茬地放牧，羊采食青绿饲料种类多，容易获得全价营养，能满足羊生长发育的需要和达到放牧抓膘的目的。由于放牧增加了羊的运动量，并能接受阳光中紫外线照射和各种气候的锻炼，有利于羊的生长发育和健康。放牧育肥一般经过夏抓“水膘”和秋抓“油膘”两个阶段，实际就是由显著的肌肉增长转变为优势的脂肪沉积的过程。其优点是成本低和经济效益相对较高，缺点是常常要受到气候和草场等多种不稳定因素变化的干扰和影响，造成育肥效果不稳定和不理想。育肥的关键在于掌握科学的放牧技术，经济有效地利用草场，不但使羊吃饱，还要快增膘；其次是注意水、草、盐这几方面的配合，如果羊经常口淡口渴，则会影响育肥效果。

育肥羊来源，大羊可以利用淘汰的公、母羊，两年未孕不拟繁殖的空怀母羊和患乳腺炎的母羊；羔羊可以利用断奶后的非后备公羔。草场分配上，羔羊宜在以豆科草为主的草场上放牧育肥，成年羊和老龄羊可放牧在禾本科草为主的草场上，增重以沉积脂肪为主。在人工灌溉草场上，第1～3年的草场宜放牧羔羊。草场质量不同，育肥效果相差很大。在放牧育肥前半期，可放牧稍差些的草场、草坡，后期尽量选好草放牧，如果后阶段在苜蓿地、盐碱牧场或谷物茬地放牧，对提高育肥效果很有效。此外，产羔期的不同，对育肥效果也有影响。用于放牧育肥的羔羊，应考虑将产羔期适当提前，这可以延长羔羊利用青草期的时间，增加屠宰前活重，提高产肉性能。对于羔羊，放牧育肥每只每天采食青草量要达到4～5公斤及以上，日增重可达到200～300克。如遇到天气炎热和雨季，增重变慢，这时应适当加喂干草或补饲精料。

放牧育肥期的长短因羊类型不同而异。羯羊在夏场结束，淘汰母羊在秋场结束，中下膘情羊群和当年羔羊在放牧期之后适当补饲达到上市标准后结束。总之，放牧育肥不宜在春场和夏场初期结束。

2. 舍饲育肥

舍饲育肥是根据羊育肥前的状态，按照饲养标准和饲料营养价值配制羊的饲喂日粮，并完全在舍内喂、饮的一种育肥方式。与放牧育肥相比，在相同月龄屠宰的羔羊活重可提高10%，胴体重可提高20%，故舍饲育肥效果好，能提前上市。在市场需求的情况下，舍饲育肥可确保育肥羊在30～60天的育肥期内迅速达到上市标准，育肥期短。此方式适于饲草饲料丰富的农区。采取舍饲育肥，饲料投入相对较高，但可按市场需要实行大规模、集约化、工厂化养羊，使房舍、设备和劳动力得到充分利用。劳动生产效率较高，从而也能降低一些成本。

舍饲育肥羊的来源应以羔羊为主，其次来源于放牧育肥的羊群。如在雨季来临或旱年牧草生长不良时放牧育肥羊可转入舍饲育肥；当年羔羊放牧育肥一段时期，入冬前达不到上市标准的部分羊，也可转入舍饲育肥。

舍饲育肥羊日粮中精料可以占到日粮的45%～60%，随着精料比例的增高，育肥强度增大。加大精料喂量时，要预防过食精料引起的肠毒血症和钙磷比例失调引起的尿结石症等。防止肠毒血症，主要靠注射疫苗；防止尿结石，在以各类饲料和棉籽饼为主的日粮中可将钙含量提高到0.5%的水平或加0.25%氯化铵，避免日粮中钙磷比例失调。

育肥圈舍要保持干燥、通风、安静和卫生，育肥期不宜过长，达到上市要求即可。舍饲育肥通常为75～100天，时间过短过长，都会使育肥效果不理想。在良好的饲料条件下，育肥期一般可增重10～15公斤。

3. 混合育肥

混合育肥有两种情况：其一是在秋末草枯后对一些未抓好膘的羊，特别是还有很大增重潜力的当年生羔羊，再延长一段育肥时间，在舍内补饲一些精料，经30～40天育肥后屠宰；其二是指育肥羊完全通过放牧不能满足快速育肥的营养需求，而采用放牧加补饲的混合育肥方式。混合育肥较放牧育肥可缩短羊肉生产周期，增加肉羊出栏量和出肉量。前一种方式适用于生长强度较小及增重强度较慢的羔羊和周岁羊，育肥耗用时间较长，不符合现代肉羊短期快速育肥的要求；后一种方式适用于生长强度较大和增重速度较快的羔羊，同样可以按要求实现强度直线育肥。如果仅补草，应安排在归牧后；如果草、料都补，则可在出牧前补料，归牧后补草。在草、料的利用上要先喂次草、次料，再喂好草、好料。补饲量应根据草场情况决定，草场好则少补，差则多补。一般可按1只羊0.5～1公斤干草和100～300克混合精料补饲。混合育肥可使育肥羊在整个育肥期内的增重比单纯依靠放牧育肥提高50%左右，而且所生产羊肉的味道也较好。因此，只要有一定的补饲条件，还是采用混合育肥方式效果更好。

上述3种育肥方式比较，舍饲育肥增重效果一般高于混合育肥和放牧育肥。从单只羊经济效益分析，混合育肥、放牧育肥经济效益高于舍饲育肥，但从大规模集约化羔羊育肥角度讲，舍饲育肥的生产效率比混合育肥和放牧育肥高。

（二）育肥进度与育肥前的准备工作

根据品种类型、年龄、体格大小、体况等，制定育肥的进度和强度。绵羊羔羊育肥，一般细毛羔羊在8～8.5月龄结束，半细毛羔羊在7～7.5月龄结束，肉用羔羊6～7月龄结束。采用强度育肥的羔羊，一般要求体重不小于32～35公斤。强度育肥，可提高增重效果，缩短育肥期；放牧育肥，则需延长育肥期。

1. 育肥日粮

由于育肥羊的品种类型、年龄、活重、膘情、健康状况不同，所以首先要根据育肥羊状况及计划日增重指标，确定合适的育肥日粮。育肥日粮的组成应就地取材，同时搭配上要多样化，精料可以占到日粮的45％～60％。能量饲料是决定日粮成本的主要饲料，应以就地生产、就地取材为原则，配制日粮时应先计算粗饲料的能量水平满足日粮能量的程度，不足部分再由精料补充调整，日粮中蛋白质不足时，要首先考虑饼、粕类植物性高蛋白饲料，正常断乳羔羊和成年羊育肥日粮中也可添加适量的非蛋白氮饲料。

2. 育肥羊舍的准备

育肥羊舍应该通风良好、地面干燥、卫生清洁、夏挡强光、冬避风雪。圈舍地面上可铺少许垫草。羊舍面积按每只羔羊0.75～0.95米^2、大羊1.1～1.5米^2，保证育肥羊的运动、歇卧。饲槽长度应与羊数量相称，每只羊平均饲槽长度大羊为40～50厘米、羔羊23～30厘米，避免由于饲槽长度不足，造成羊吃食拥挤，进食量不均，从而影响育肥效果。

3. 待育肥羊进舍时管理

待育肥羊到达育肥舍当天，给予充足饮水和喂给少量干草，减少惊扰，让其安静休息。休息过后，应进行健康检查、驱虫、药浴、防疫注射和修蹄等，并将其按年龄、性别、体格大小、体质强弱等组群。育肥开始后，要注意针对各组羊的体况、健康状况及增重计划，调整日粮和饲养方法。最初2～3周要勤观察羊只表现，及时挑出伤、病、弱的羊，给予治疗并改善环境。

4. 育肥期日粮饲喂及饮水要求

一般每天饲喂 2 次，每次投料量以羊 30～45 分钟内能吃完为准，饲料一旦出现发霉或变质不宜饲喂。饲料变换时要有个过渡时期，绝不可在一两天内改喂新换饲料。精饲料间的变换，应新旧搭配，逐渐加大新饲料比例，3～5 天内全部换完。粗饲料换成精饲料，应采用精料增加先少后多、逐渐增加的方法，10 天左右换完。用作育肥羊日粮的饲料可以草、料分开喂给，也可精、粗饲料混合喂给。由精、粗饲料混合而成的日粮，品质一致，饲喂效果较好，这种日粮可以做成粉粒状或颗粒状。粉粒饲料中的粗饲料要适当粉碎，粒径 1～1.5 厘米，饲喂时应适当拌湿。颗粒饲料制作粒径大小为：羔羊 1～1.3 厘米，大羊 1.8～2.0 厘米。羊采食颗粒饲料，可增大采食量，日增重提高 25%，减少饲料浪费，但易出现反刍次数减少而吃垫草或啃木桩等现象，胃壁增厚，但不影响育肥效果。

育肥羊多饮水有助于减少消化道疾病、肠毒血症和尿结石的发生率，同时可获得较高的增重。每只羊每天的饮水量通常在气温 12 ℃时为 1.0 公斤，15～20 ℃时为 1.2 公斤，20 ℃以上时为 1.5 公斤。在冬季，雪水或冰水应禁止饮用。

（三）舍饲育肥方案设计

1. 舍饲育肥技术总体要求

①舍饲育肥羊的来源应以羔羊为主，其次来源于放牧育肥的羊群。如在雨季来临或旱年牧草生长不良时放牧育肥羊可转入舍饲育肥；当年羔羊放牧育肥一段时期，估计入冬前达不到上市标准的部分羊，也可转入舍饲育肥。

②舍饲育肥羊日粮中精料可以占到日粮的 45%～60%，随着精料比例的增高，育肥强度增大。

③育肥圈舍要保持干燥、通风、安静和卫生，育肥期不宜过

长，达到上市要求即可。

④舍饲育肥周期通常为75～100天，时间过短，育肥效果不显著；时间过长，饲料转化率低，育肥效果不理想。在良好的饲料条件下，育肥期一般可增重10～15公斤。

2. 注意事项

①加大精料喂量时，要预防过食精料引起的肠毒血症和钙磷比例失调引起的尿结石症等。

②防止肠毒血症，主要靠注射疫苗；防止尿结石，在以各类饲料和棉籽饼为主的日粮中可将钙含量提高到0.55%的水平或加0.25%氯化铵，避免日粮中钙磷比例失调。

③舍饲育肥适于饲草饲料丰富的农区。采取舍饲育肥，饲料投入相对较高，但可按市场需要实行大规模、集约化、工厂化养羊，使房舍、设备和劳动力得到充分利用，劳动生产效率较高，从而也能降低一些成本。

3. 舍饲育肥方案

(1) 羔羊育肥方案（表3-6）：羔羊育肥分为三个阶段，即育肥前期、育肥中期和育肥后期。如育肥期为60天，即育肥前期、中期、后期各为20天。育肥前期管理的重点是观察羔羊对育肥管理是否习惯，有无病态羊，羔羊的采食是否正常，根据采食情况调整补饲标准、饲料配方等。育肥中期加大补饲量，增加蛋白质饲料的比例，注重饲料中营养的平衡和质量。育肥后期在加大补饲量的同时，增加饲料的能量，适当减少蛋白质的比例，以增加羊肉的肥度，提高羊肉的品质。

补饲量的确定应根据体重的大小，参考饲养标准补饲，并适当超前补饲，以期达到应有的增重效果，并根据羊群的健康状态和增重效果，随时改变育肥方案和技术措施。

育肥饲料用豆饼、麦麸、玉米粉碎后配制成混合精料，根据育肥时期不同，配制比例有所不同。常用饲料配方比例为：育肥前期豆饼占30%，麦麸占15%，玉米占55%；育肥中期豆饼占25%，麦麸占15%，玉米占60%；育肥后期豆饼占20%，麦麸占15%，玉米占65%。

育肥期间除了喂食精饲料外，每天还要喂一定的粗饲料，育肥用粗饲料最好选用苜蓿干草，喂前先粉碎，长短在3厘米左右。

育肥羔羊每天粗料食用量要按比例搭配。育肥前期精料为0.2～0.6公斤，粗料为0.7公斤，食盐7克；育肥中期精料为0.6～0.8公斤，粗料为0.6公斤，食盐8克。

表3-6　羔羊及育成羊的育肥方案

类别	预饲期/天	育肥前期/天	育肥中期/天	育肥后期/天	出栏标准/公斤	饲料配方
哺乳羔羊	4～5	20	20	20	25	新农0601号配方
断奶羔羊	5～7	30	20	30	35	新农0602号配方 新农0603号配方 新农0604号配方
育成羊	7～10	20	20	20	45	新农0605号配方

（2）成年羊育肥方案（表3-7）：成年羊是指2岁以上的公羊、母羊和羯羊。这些羊体重较大，体格发育成熟，但有的羊在肥育上较差，肉质相对较老。为了改善成年羊肉的品质，提高羊肉的产量和经济效益，在出栏前应对这些羊进行短期育肥。

①育肥的准备要使育肥羊处于非生产状态，母羊应停止配种、妊娠或哺乳；公羊应停止配种、试情，并进行去势。各类羊在育肥前应剪毛，以增加收入，改善羊的皮肤代谢，促进羊的育肥。

在育肥开始前应用驱虫药对羊驱虫，对患有疥癣的羊进行药浴或局部涂擦药物灭癣。

②育肥周期一般以60～80天为宜。底膘好的成年羊育肥期可以

为 40 天，即育肥前期 10 天，中期 20 天，后期 10 天；底膘中等的成年羊育肥期可以为 60 天，即育肥前期、中期、后期各为 20 天；底膘差的成年羊育肥期可以为 80 天，即育肥前期 20 天，中期、后期各为 30 天。

育肥饲料配制及要求与羔羊育肥基本相同。其饲喂精粗饲料量要求为：育肥前期精料为 0.4～0.7 公斤，粗料为 1.2 公斤，食盐 5 克；育肥中期精料为 0.6～1 公斤，粗料为 1.0 公斤，食盐 10 克；育肥后期精料为 1.8～1.5 公斤，粗料为 0.8 公斤，食盐 10 克。

经过一个育肥期的饲养，育肥羊平均日增重可达 165 克，屠宰率可达 45%以上，羔羊可增重 10～15 公斤。

表 3-7 成年羊的育肥方案

类别	预饲期/天	育肥前期/天	育肥中期/天	育肥后期/天	出栏标准/公斤	饲料配方
底膘好的成年羊	10～15	10	20	10	60	新农 0606 号配方
底膘中等的成年羊	10～15	20	20	20	60	新农 0607 号配方
底膘差的成年羊	10～15	20	30	30	60	新农 0608 号配方

四、育肥技术

（一）羔羊育肥饲养管理技术规范

1. 哺乳羔羊育肥

①羔羊不提前断奶，保留原有母子对，仅提高隔栏补饲水平。

②断奶时从羊群中挑出已达到屠宰体重的羔羊出栏上市，活重达不到此要求的则留在羊群中继续育肥饲喂。

③饲喂以舍饲育肥为主，母羊与羔羊同时加强补饲，母羊哺乳期间每天喂足量的优质豆科牧草，另补精料 500 克。羔羊应及早隔栏补饲，日粮以谷物粒料为主，搭配适量黄豆饼。

新农 0601 配方：整粒玉米 83%、黄豆饼 15%、石灰石粉 1.4%、食盐 0.5%、维生素和微量元素添加剂 0.1%。

④也可用 10%的鱼粉代替黄豆饼，同时把玉米比例调整为 88%，每天喂 2 次，每次喂量以 20 分钟内吃净为宜。自由采食优质苜蓿干草。日粮中每只每天应添加 50～100 克蛋白质饲料。

⑤出栏：经过 30 天育肥，到 4 月龄时，挑出体重在 35 公斤以上的羊出栏上市，剩余的羊只断奶后再转入下一阶段育肥。

2. 断奶羔羊的育肥

（1）早期断奶羔羊育肥技术：

①早期断奶时间一般为 1.5 月龄，育肥期 50 天左右，出栏体重 25 公斤以上。

②育肥前准备：羔羊断奶前 15 天实行隔栏补饲，补饲饲料应与断奶后育肥饲料相同，在早、晚有一定时间将母羊与羔羊分开，让羔羊在设有精料槽和饮水器的圈内活动。

③科学配制育肥日粮：要为羔羊科学地配制饲料，原料以玉米等高能量饲料为主。建议饲料配方为：整粒玉米 84%，黄豆饼 12%，鱼粉 2%，石灰石粉 1.4%，食盐 0.5%，维生素和微量元素添加剂 0.1%。

④饲喂技术：羔羊自由采食，自由饮水。料槽应能防止羔羊踏入，高度应随羔羊日龄增长而提高，以槽内饲料不堆积、不溢出为宜。

⑤羔羊断奶前应注射肠毒血症疫苗，肌肉注射 1 毫升。

⑥育肥全期不要更换饲料配方，若发现某些羔羊啃食圈墙时，应在活动场内添设盐槽，槽内放入食盐和等量的石灰石粉，让羔羊自由采食。

注意事项：

①刚开始补饲时，谷粒应稍加粉碎，待习惯后换成整粒饲喂，不要加工成粉状。

②羔羊活动范围的地面应干燥、防雨和通风良好，可铺少量垫草。

③羔羊采食整粒玉米时，初期有玉米粒从口中吐出，反刍动作少，后期吐玉米粒现象消失，反刍次数增多。在正常情况下，羔羊粪便呈团状、黄色、粪团内无玉米粒，但在天气变化或阴雨天时，羔羊可能出现拉稀。

（2）晚期断奶羔羊育肥技术：

①断奶羔羊运出之前应先集中暂停水料，空腹一夜后次日早晨称重运出。刚入舍羔羊应保持安静，供足饮水和青干草。

②经全面驱虫后，按羔羊体格大小和瘦弱肥壮分组，再按组配合日粮，一般情况下，体格大的大龄羔羊优先提供精料型日粮，通过短期强度育肥，提前出栏上市，而小羔羊先喂给粗饲料比例在60%～70%的日粮，待复原后再进入育肥期。

③每天喂料2次，每次投料量以30～45分钟吃净为宜，不间断饮水，在加大喂料量或变换配方时应有3天以上的适应期。预饲期日粮参考配方：玉米29%，干草65%，豆饼5%，食盐1%，每100公斤饲料添加抗生素35毫克。

④全精料型日粮育肥：选用活重较大的羊，一般是绵羊35公斤、山羊20公斤左右，育肥期50天以内。

新农0602号配方：玉米粒96%，蛋白质平衡剂4%，矿物质自由采食。其中蛋白质平衡剂成分为苜蓿草62%、尿素31%、黏固剂4%、磷酸氢钙3%，经粉碎混合后制成直径为0.6厘米的颗粒，矿物质成分为石灰石粉50%、氯化钾15%、硫酸钾5%、骨粉19.5%、食盐9.6%、多种微量元素0.9%。

在饲喂上，应保证羔羊每天每只额外食入粗饲料 100～150 克，可单独喂给少量秸秆饲料，保证充足饮水，外地购进羊只可在水中加入抗生素，连用 5 天。最好是采用自动饲槽，保持料槽内不间断有饲料，每只羔羊料槽的位置为 10～15 厘米，注意在羔羊改用自动饲槽前应至少有 10 天的适应期。

⑤粗饲料型日粮育肥：新农 0603 号配方：玉米粒 55%，干草为 43%，黄豆饼 1%，抗生素 1%；或者全株玉米 70%，干草 20%，蛋白质补充剂 10%，其中蛋白质补充剂配方为黄豆饼 50%、麸皮 33%、稀糖蜜 5%、尿素 3%、石灰石粉 3%、磷酸氢钙 5%、微量元素 1%。日粮中干草应以豆科牧草为主，配制出的日粮要成色一致，尤其是带穗的玉米必须碾碎，以羔羊难以挑出玉米粒为佳。每只羔羊日喂量应为 1.5～2 公斤。

⑥青贮饲料型日粮育肥：以玉米青贮饲料为主，可占到日粮的 70%～80%。

新农 0604 号配方：碎玉米 24.5%，青贮玉米 70%，黄豆饼 5%，石灰石粉 0.5%，另加维生素 A 1 100 国际单位和维生素 D 110 国际单位，抗生素 11 毫克。

注意事项：

①通常是在羔羊入圈育肥前，先利用一个时期较好的牧草地或农田茬子地，既可降低生产成本，又可使羔羊逐渐适应饲料转化过程。

②预饲期是正式育肥前的适应性过渡期，一般为 10～15 天，若羔羊个体整齐，膘情中等可缩短 7 天。

③饲喂时，羔羊应先喂 10 天左右的预饲日粮，再逐渐增加青贮饲料型日粮，经 7 天左右达到全喂量，即每只 2.5 公斤以上。

④从羔羊中挑选体格大、早熟、性能好的公羔作为育肥对象。

⑤羔羊圈要保持圈舍干燥。

（二）育成羊育肥饲养管理技术规范

育成羊8月龄以前每天仍可增重150克以上，每天需风干饲料0.7～1公斤，需补饲粗蛋白质含量为15％～16％的混合精料300克左右。

新农0605号配方：玉米50％、豌豆或油渣25％、麸皮25％～30％、骨粉2％、食盐0.5％。

注意事项：

①此时应分别组成公母育成群。

②育成羊在最初几个月营养条件好时，增重迅速，但增重低于羔羊。

③预饲期间，1天喂2次，每次投料量以能在45分钟内吃完为准。

④饲喂量不够时要及时添加，量过多时注意清扫。

⑤羊吃食时，要注意观察它们的采食行为和习惯，发现问题通过小群间调整予以照顾。

⑥如要加大喂量或变换日粮配方都应在两三天内完成，切忌变换过快。

（三）成年羊育肥饲养管理技术规范

不能作种用的公、母羊和淘汰的羊以及从外地购进的成年羊，均可进行育肥。育肥前要做好驱虫、药浴、修蹄、防疫等工作。

（1）驱虫：可采用口服丙硫苯咪唑、左旋咪唑和驱虫净等常用的驱虫药物，驱杀羊体内外的线虫、蠕虫、昆虫及螨虫。其中丙硫苯咪唑为广谱驱虫药，驱虫效果较好，给药剂量按每千克体重10～15毫克计算。

（2）药浴：育肥羊药浴可用螨净和克拉林等药物，通过药浴池进行药浴，驱除体外寄生虫。

（3）修蹄：修蹄时间一般在夏秋季节修蹄一次，此时蹄质软易修剪。修蹄时应用蹄剪或蹄刀先去掉蹄部污垢，把过长的蹄壳削去，再将蹄底的边沿修整到和蹄底一样平齐，修到蹄底可见淡红色的血管为止，并使羊蹄呈椭圆形。如修剪蹄过度，发生出血，可涂上碘酒。

（4）防疫：可用四联苗（羊快疫、羊猝狙、羊肠毒血症、羔羊痢疾）及羊痘苗按使用方法进行防疫。

（5）进行称重、分群、环境清洁消毒。

①称重：主要测定育肥羊的体重，计算育肥日增重。

②分群：主要根据羊的膘情选择育肥强度。

③环境清洁消毒：羊的圈舍可用10%～20%的石灰乳或2%～5%的烧碱溶液或0.05%～0.5%过氧乙酸进行喷雾消毒。

（6）饲养方式：主要选择淘汰老母羊和瘦弱羊为育肥羊，育肥期一般80～100天，日增重偏低，可采用两种方式育肥。一种是使淘汰母羊配上种，利用母羊怀胎后行动稳重，食欲增强，采食量增大，增膘快的特点，怀胎肥育60天左右宰杀；二是将淘汰母羊转入秋草场放牧或农田茬子地放牧，待膘情转好后，再转入舍饲育肥。

（7）日粮配方：成年羊舍饲育肥期间日粮类型较多，下面提供新疆农业职业技术学院根据新疆自然经济条件设计的几种典型日粮参考配方。

①新农0606号配方：干草0.5公斤，青贮玉米4.0公斤，碎谷粒0.5公斤。此配方日粮中含干物质40.60%，粗蛋白质4.12%，钙0.24%，磷0.11%。

②新农0607号配方：干草1公斤，青贮玉米0.5公斤，碎谷粒

0.7 公斤。此配方日粮中含干物质 84.55%，粗蛋白质 7.59%，钙 0.6%，磷 0.26%。

③新农 0608 号配方：青贮玉米 4 公斤，碎谷粒 0.5 公斤，尿素 10 克，秸秆 0.5 公斤。此配方日粮中含干物质 40.72%，粗蛋白质 3.49%，钙 0.19%，磷 0.09%。

成年羊日粮中，尿素喂量每 10 公斤体重 2～3 克，矿物质和维生素可占到精料的 3%。

（8）注意事项

①育肥成年羊来源主要为淘汰公、母羊及瘦弱羊，采用混合育肥。

②雨天不在敞圈饲喂，避免颗粒饲料遇水膨胀变碎，影响采食和饲料利用率。

③应用普通饲槽人工投料时，每天投料 2 次，以饲槽内基本无剩余饲料为宜。

④日粮转变时应逐渐改变饲料类型，把以粗饲料为主的日粮逐渐改变为精料占 40% 的日粮。

五、全混合日粮饲喂技术

TMR 为全混合日粮饲喂的英文缩写，它是根据草食家畜不同生理阶段和生产性能的营养需要制订日粮配方，使用专门的日粮加工机械，按照一定的程序，将粗饲料、精饲料和各种添加剂按照配方比例进行充分混合而得到的一种营养相对平衡的日粮。

采用 TMR 饲喂方式，优点是可有效减少饲喂程序，节省劳力，提高饲料利用率，增加干物质采食量，提高反刍家畜生产性能，维持瘤胃酸碱稳定，减少家畜发病率，节约治疗费用。目前大多数羊场适用这种科学经济的饲喂方法。

（一）饲喂设备

1. 固定式 TMR 机

羊场常用 TMR 机械设备，通常固定于羊场饲草料区，根据羊场规模，通常有 2 吨、3 吨、5 吨量的机械（图 3-1、图 3-2）。

图 3-1　固定式 TMR 机（1）

图 3-2　固定式 TMR 机（2）

2. 牵引式 TMR 机

可用不同马力的拖拉机作为输出动力，根据不同生产用途和不同生产阶段的羊只营养需要，要用挖掘机或铲车，对干草、青贮、混合精料抓取后，进行搅拌混合，可在行进间对饲草料进行搅拌混合，到圈舍后即可直接投料（图 3-3、图 3-4）。

图 3-3　牵引式 TMR 机（1）

图 3-4　牵引式 TMR 机（2）

3. 自走式 TMR 机

自带动力，抓取臂带自动计量，对干草、青贮、混合精料按配比抓取后，进行搅拌混合，可在行进间对饲草料进行搅拌混合，到圈舍后即可直接投料，但价格较高（图 3-5 至图 3-8）。

图 3-5　自走式 TMR 机（1）

图 3-6　自走式 TMR 机（2）

图 3-7　家用小型 TMR 机（1）

图 3-8　家用小型 TMR 机（2）

（二）饲喂方式

（1）对于大中型养羊企业及养羊户，利用全混合日粮饲喂机械设备，可以提高生产效率，提高饲草料的利用效率，可积极推广。

（2）对于小型养羊户或临时养羊户，可利用人工方法，进行全混合日粮饲喂。先用粉碎机、铡草机等机械将精料、干草粉碎铡短，根据育肥羊的生长阶段和育肥情况，按一定比例，用工具人工将精料、干草、青贮进行搅拌混合，然后再进行投喂，也可大大提高饲草料的利用效率。

六、羊的繁殖技术

（一）经济杂交

1. 简单二元杂交

二元杂交又称单杂交，是经济杂交的方式之一，即两个种群仅杂交一次，其一代杂种不论公母均不作种用，全部作经济利用。二元杂交方式最简单，只需做一次配合力的测定，但不能充分利用繁殖性能的杂种优势。

组合一：　　萨福克羊♂×哈萨克羊♀

↓

经济羊群

组合二：　　德美肉羊♂×小尾寒羊♀

↓

经济羊群

2. 三元杂交

三元杂交又叫三品种杂交，即选用两个品种羊杂交，产生在繁殖性能方面具有显著杂种优势的子一代杂种母羊，再用第二个父本品种羊与其杂交，所产生的后代全部作为经济羊群育肥。

在杂交过程中，一般第一、第二父本利用生长速度快、瘦肉率高的品种，而第二父本还应选择生长发育快、胴体品质好的公羊。三品种杂交的杂种优势一般都超过两品种杂交，杂种母羊的生活力和繁殖力也具有杂种优势，并且产仔多，哺育能力强，羔羊生长发育快，日增重高。

组合一：

萨福克羊♂ ×♀土种羊、小尾寒羊
↓
陶赛特羊♂ ×F1　♀
↓
经济羊群

组合二：

德美肉羊♂ ×♀细毛羊、小尾寒羊或陶赛特
↓
萨福克羊♂ ×F1　♀
↓
经济羊群

3．多元杂交

多元杂交是指有3个以上的品种参加的经济杂交。多元杂交依公羊使用状况可分为终端杂交和轮回杂交。

终端杂交是指在多元杂交中，存在有最后（终端）的父本品种，所有的最终杂种群体无论公、母羊全部育肥屠宰。在终端杂交过程中，一般把最能体现产肉优势的品种作为终端父本，以便获得最大的杂种优势率。如三元杂交是用两个父本品种和一个母本品种的羊进行杂交。一般的杂交程序是，先用一个父本品种和母羊进行杂交，杂种母羊与终端父本进行杂交，杂种群体作为生产群体使用。

轮回杂交是指用2个以上的不同品种进行杂交。在每代杂种后代中，选优良母畜轮流再与亲本品种的公畜回交，以便在每代杂种后代中继续保持和充分利用杂种优势，杂种公羔全部育肥屠宰。

组合一：

萨福克羊♂ ×♀土种、小尾寒羊
↓
陶赛特羊♂ ×●
↓
萨福克羊♂ ×●
↓
陶赛特羊♂ ×●
↓
经济羊群

组合二：德国美利奴肉羊♂ ×♀细毛羊、小尾寒羊

↓

陶赛特羊♂ ×●

↓

萨福克羊♂ ×●

↓

德国美利奴肉羊♂ ×●

↓

经济羊群

（二）人工授精

绵羊人工授精是传统的繁殖技术之一，技术比较成熟。为适应工厂化高效养羊对母羊高频率繁殖的需要，采用标准化的技术程序和有效的繁殖管理，保证母羊的正常繁殖力，并能大幅度提升。利用腹腔内窥镜子宫角输精技术对母羊进行人工授精，发情期受胎率可达 76.24%。

1. 配种方法

配种方法有自然交配、人工辅助交配和人工授精配种 3 种，肉羊配种应广泛应用人工授精技术。

2. 配种技术

（1）羊群的准备

①种公羊：按 1∶（300～500）配备；配种开始前 1～1.5 个月加强饲养和运动，做好采陈精和精液检查；对初配公羊做好调教。

②母羊：整群，免疫驱虫，抓膘补饲。

③试情公羊：按 1∶50 配备，认真选择，加强饲管，按时排精。

（2）采精（图 3-9、图 3-10）

①台羊的准备：选择健康的发情母羊作台羊保定在采精架内。

②假阴道的准备：先将内胎装入外壳，再将集精杯插入假阴道

一端，然后在假阴道的夹层内注水，水温 50～55 ℃，通过活塞气嘴向夹层中吹入空气调整压力，使内胎壁遇合。

③采精技术：采精时将公羊引至台羊后面，采精员右手横握假阴道蹲在公羊右后侧，当公羊爬跨母羊伸出阴茎时，迅速将阴茎导入假阴道内，待公羊射精后，立即将假阴道倒转竖立，取下集精杯，将精液送处理室检查。

④采精频率：成年公羊每日采精 2～4 次。

⑤注意事项：随采随用；温度与压力的调节；不要粗暴对待种公羊；注意假阴道清洗和消毒。

图 3-9　采精（1）

图 3-10　采精（2）

（3）精液检查

①量、色、味判定：健康精液为乳白色，肉眼看呈雾状运动，公羊一次射精量 0.8～1.8 毫升。鲜精活力 0.6 以上，冻精活力 0.3 以上。

②活力检验：在 400～600 倍显微镜下镜检，当判定精子的密度在中等以上，能看到 60%以上的精子在精液中呈直线运动，就可用来输精。

③密度检验：每毫升 15 亿个以上。精子畸形率在 15%以下（图 3-11）。

图 3-11 精子密度观察分析

（4）精液稀释

①稀释液：柠檬酸钠蛋黄稀释液（蒸馏水 100 毫升，葡萄糖 3 克，柠檬酸钠 1.4 克，鲜蛋黄 20 毫升）；鲜奶稀释液（新鲜牛奶或羊奶，用 2～3 层纱布过滤，水浴煮沸 15 分钟，降至室温，除去奶皮）；2.9%柠檬酸钠稀释液（蒸馏水 100 毫升，柠檬酸钠 2.9 克，过滤后水浴煮沸 15 分钟灭菌）。

②稀释温度：体温 37～38 ℃。

③稀释倍数：根据鲜精的活力及密度决定稀释液的稀释倍数。

（5）常规输精技术：输精人员应身穿工作服，做好自身消毒工作后，准备好开膣器、输精枪等输精器械，并用高压锅蒸汽消毒。在输精人员做准备工作的同时，辅助人员可挑选出发情母羊，将其保定等待输精（图 3-12、图 3-13）。

①输精方法：用生理盐水润湿开膣器后插入母羊阴道深处，触及子宫颈后稍向后拉，慢慢打开开膣器，开张度在不影响观察子宫的前提下，越小越好。在找准子宫颈口后，将输精枪慢慢插入子宫颈内 0.5～1 厘米处，然后将精液缓慢输入。输精完毕后缓慢放下母羊，使其保持原地站立 5 分钟左右，再将母羊放走。

②输精部位：经产母羊子宫颈内，处女羊阴道深部。

③输精量：保证每次有 7 000 万个以上精子输入，一般正常稀

释后的鲜精输给经产母羊 0.1 毫升，处女羊 0.2 毫升。

④输精时间与次数：在一个发情期内应对母羊输精 2 次，发情时 1 次，间隔 8～10 小时再次输精。

图 3-12　输精（1）

图 3-13　输精（2）

（6）输精时注意事项：

①输精人员要严格遵守操作规程，确保将精液精准输入至子宫颈口内。

②输精后及时做好输精记录。

③每输完一只羊就要对开膣器、输精器及时消毒。

④输精后缓慢放下母羊，使其原地站立 5 分钟。

第四章

良　　舍

一、羊场选址与布局

（一）规模羊场规划布局总体要求

（1）羊场地址要求：地势高燥，地下水位低（2 米以下），有微坡（1%～3%），在寒冷地区背风向阳。切忌在低洼涝地、山洪水道、冬季风口等地修建羊舍。

（2）保证防疫安全：羊场地址必须在历史上从未发生过羊的任何传染病。距主要交通要道（铁路和主要公路）300 米以上。羊场内兽医室、病畜隔离室、贮粪池、尸坑等应位于羊舍的下坡下风方向，以避免场内疾病传播。

（3）水量充足，水质良好：水量能保证场内职工用水、羊饮水和消毒用水。舍饲羊的需水量大于放牧，夏季大于冬季。成年母羊和羔羊舍饲需水量分别为 10 升/（只·天）和 5 升/（只·天），放牧相应为 5 升/（只·天）和 3 升/（只·天）。水质必须符合畜禽饮用水的水质卫生标准。同时，应注意保护水源不受污染。

（4）交通比较方便，便于运输，有供电条件。

（5）如果是为引进新品种建羊舍，要从生态适应性选择地址。

所选择的地址自然条件必须符合或至少接近于引进品种原产地的自然生态条件。

（二）羊场布局

1. 羊场布局规划（图 4-1）

（1）生活区：包括经营管理有关的建筑物及职工生活福利建筑物等设施。

（2）生产区：包括羊舍及配套设施。

（3）饲料区：包括饲料贮存与加工调制等建筑物。

（4）处理区：包括隔离区、兽医室以及粪尿处理场等。

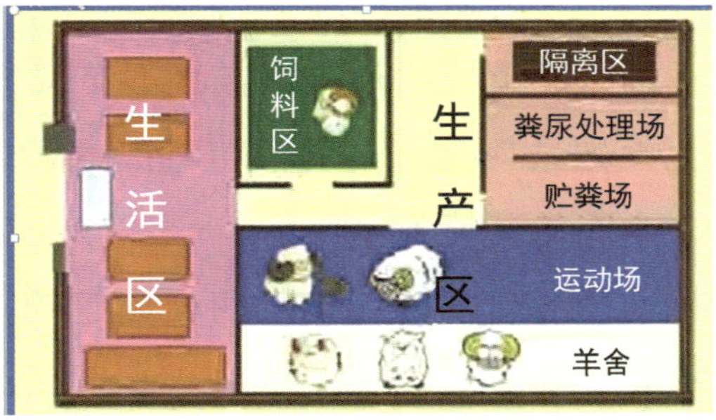

图 4-1 羊场布局规划

各区间距在 300 米以上，各区的排列次序，应考虑到社会接触的频繁程度、主风向及地势等。

生活区安排在最高处，依次为生产区、病羊区，羊舍的布局次序应是种公羊、母羊、羔羊、育肥羊。

2. 羊场建筑布局

羊的生产过程包括种羊的饲养管理与繁殖、羔羊培育、育成羊的饲养管理与肥育、饲草饲料的运送与贮存、疫病防治等，这些过程均在不同的建筑物中进行，彼此间发生功能联系。建筑布局必须将彼此间的功能联系统筹安排，尽量做到配置紧凑、占地少，又能达到卫生、防火安全要求，保证最短的运输、供电、供水线路，便于组成流水作业线，实现生产过程的专业化有序生产。建筑布局整体上坐北向南设置，各栋圈舍之间平行排列，超过 3 栋的要根据地形、面积等情况最好并行排列（图 4-2）。

（1）运动场：舍外运动场应选择在背风向阳的地方。一般是以前排羊舍的后墙和后排羊舍的前墙之间的空地作为运动场，运动场应有坡度，以便排水和保持干燥，四周设置围栏或墙，其高度均为 1.2 米，运动场面积每只羊平均为 2 米^2。

（2）场内道路设置：主干道因与场外运输线路连接，其宽度为 5～6 米，支干道为 2.5～3 米。路面坚实、排水良好。道路两侧应有排水沟并植树。场内净道与污道分开，互不交叉。

（3）公共卫生设施：为避免羊场一切可能的污染和干扰，保证防疫安全，应建立必要的环境卫生设施。

①场界的防护：场界要划分明确，四周应建较高的围墙或坚固的防疫沟，以防止外界人员及其他动物进入场区，羊场大门及各羊舍入口处，应设立消毒池或喷雾消毒室、更衣室、紫外线灭菌灯等。

②给水设施：主要是给水方式和水源保护。分散式给水是指各排羊舍内可打一口浅水井，但地表水一般比较浑浊，细菌含量较多，必须采用混凝沉淀及砂滤净化法和消毒法来改善水质。集中式给水通常为自来水，把统一由水源取来的水，集中进行净化与消毒处理，然后通过配水管网将清洁水送到羊场各用水点。集中给水的水源主要以水塔为主，在其周围设有卫生保护措施，防止水源受到污染。

③排水设施：场内排水系统，多设置在各种道路的两旁及运动场周边，一般采用大口径暗管埋在冻土层以下，以免受冻。如果距离超过 200 米，应增设深井，以减少杂物污染及人、畜损坏。

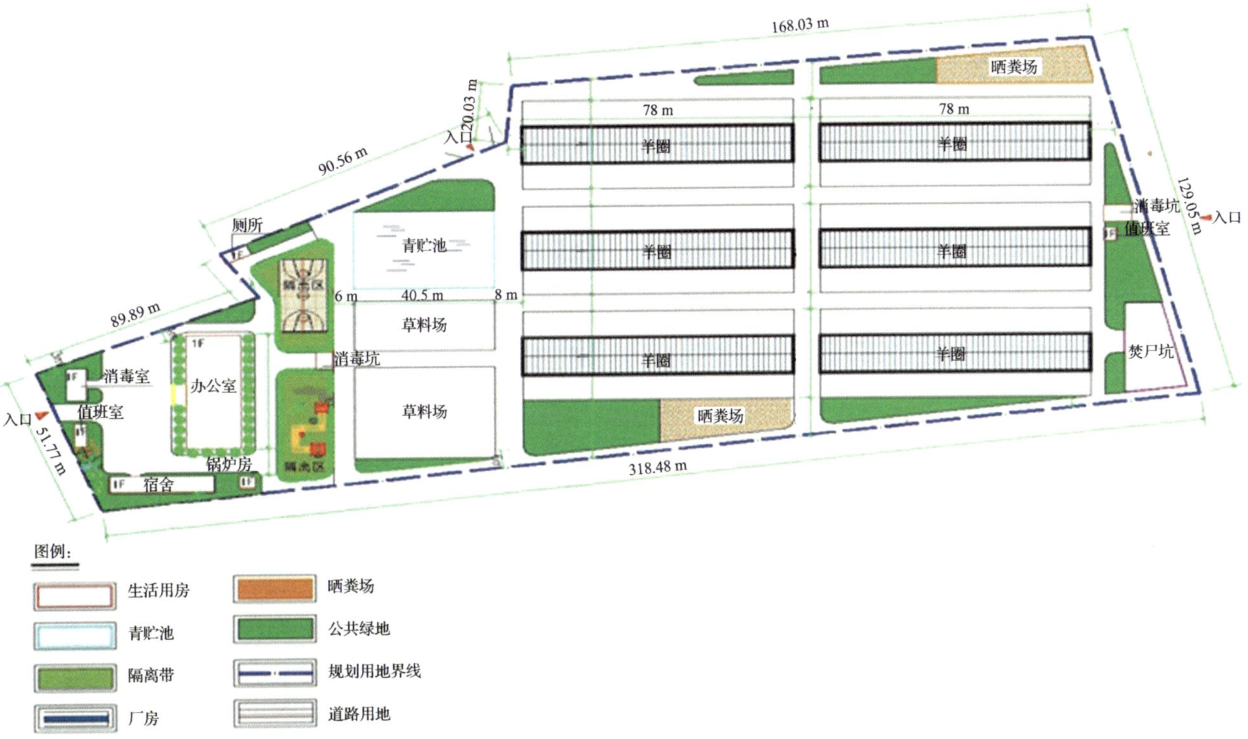

图4-2　肉羊标准化养殖小区规划布局示意图

（4）贮粪场（池）：贮粪场应设在生产区的下风向处，与住宅区保持200米、与羊舍保持100米的卫生间距，并应便于运输。定期将羊舍内的粪便清除，运往贮粪场堆放，利用微生物发酵腐熟，作为肥料或有机复合肥料出售或肥田。

（5）绿化带：场界林带的设置，应在场界周边种植乔木和灌木混合林带，如属于乔木的有小叶杨、旱柳、垂柳、榆树及常绿针叶树等，属于灌木的有河柳、紫穗槐、刺榆等。绿化带宽度10米以上，起到防风阻沙作用（场区隔离林带的设置，主要用以分隔场内各区及防火）。

二、羊舍的设计与建造

（一）羊舍设计基本参数

1. 羊舍及运动场面积

根据饲养羊的数量、品种和饲养方式来确定羊舍面积大小，面积过大，浪费土地和建筑材料；面积过小，羊在舍内过于拥挤，环境质量差。

产羔室可按基础母羊数的20％～25％计算面积。运动场面积一般为羊舍面积的2～2.5倍。成年羊运动场面积可按4米^2/只计算（表4-1）。

表4-1　各类羊只羊舍所需面积　　米^2

类别	面积	类别	面积
春季产羔母羊	1.1～1.6	成年羯羊和育成公羊	0.7～0.9
冬季产羔母羊	1.4～2.0	一岁育成母羊	0.7～0.8
群养公羊	1.8～2.25	去势羔羊	0.6～0.8
种公羊（独栏）	4～6	3～4个月的羔羊	占母羊面积的20％

2. 羊舍类型

根据不同结构划分标准，将羊舍划分为若干类型。不同类型羊舍，在提供良好小气候条件上有很大的差别。

根据羊舍四周墙壁封闭的严密程度，羊舍可划分为封闭舍、开放与半开放舍和棚舍3种类型。封闭舍四周墙壁完整，保温性能好，适合较寒冷的地区采用；开放与半开放舍，三面有墙，开放舍一面无长墙，半开放舍一面有半截长墙，保温性能较差，通风采光好，适合于温暖地区，是我国较普遍采用的类型；棚舍只有屋顶而没有墙壁，防太阳辐射强，适合于炎热地区。

羊舍建造的发展趋势是，将羊舍建成组装式类型，即墙、门、窗可根据一年内气候的变化，进行拆卸和安装，组装成不同类型的羊舍。

根据屋顶的形式，羊舍可分为单坡式、双坡式、拱式、钟楼式、双折式等类型。单坡式羊舍，跨度小，自然采光好，适用于小规模羊群和简易羊舍；双坡式羊舍，跨度大，保暖能力强，但自然采光、通风差，适合于寒冷地区采用，是最常用的一种类型。在寒冷地区，还可选用拱式、双折式、平屋顶等类型；在炎热地区可选用钟楼式羊舍。

3. 羊舍基本结构

（1）地面：通常称为畜床，是羊躺卧休息、排泄和生产的地方。地面的保暖与卫生状况很重要。羊舍地面有实地面和漏缝地面两种类型。实地面有黏土、三合土（石灰：碎石：黏土为1：2：4）、石地、混凝土、砖地、水泥地、木质地面等。黏土地面易于换新，造价低廉，但易潮湿且不便消毒，干燥地区适用。石地、水泥地不保温、太硬，但便于清扫和消毒。砖地面和木质地面保暖也便于清扫和消毒，但成本较高，适合于寒冷地区。

饲料间、人工授精室、产羔室可用水泥或砖铺地面，以便消毒。漏缝地面能给羊提供干燥的卧地，国外常见，国内亚热带地区养羊已普遍采用。漏缝地面用软木条或镀锌钢丝网等材料做成（图4-3、图4-4），木条宽32毫米，厚36毫米，缝隙宽15毫米，适用于成年绵羊。镀锌钢丝网眼，要略小于羊蹄的面积，以免羊蹄漏下伤及羊身。

图 4-3　漏缝地板实例（1）

图 4-4　漏缝地板实例（2）

（2）墙：在畜舍保温上起着重要的作用。我国多采用土墙、砖墙和石墙等。土墙造价低，导热小，保温好，但易湿，不易消毒，小规模简易羊舍可采用。砖墙是最常用的一种，其厚度有半砖墙、一砖墙、一砖半墙等，墙越厚，保暖性能越强。石墙坚固耐久，但导热性大，寒冷地区效果差。国外采用金属铝板、胶合板、玻璃纤维材料，保温隔热。

（3）门、窗：一般门宽2.5～3.0米，高1.8～2.0米。设双扇门，便于大车进入清扫羊粪。按200只羊设一个大门。寒冷地区在保证采光和通风的前提下少设门，在大门外可添设套门。窗一般宽1.0～1.2米，高0.7～0.9米，窗台距地面高1.3～1.5米。对于采用TMR饲喂模式的羊场，门的宽度要达到4米。

（4）屋顶与天棚：屋顶具有防雨水和保温隔热的作用。其材料有陶瓦、石棉瓦、木板、塑料薄膜、油毡等，国外有采用金属板的。在寒冷地区可加天棚，其上可贮冬草，能增强羊舍保温性能。羊舍净高（地面至天棚的高度）2.0～2.4 米，在寒冷地区可适当降低净高。单坡式羊舍，一般前高 2.2～2.5 米，后高 1.7～2.0 米，屋顶斜面呈 45°。采用全混合日粮机械设备饲喂模式的，羊舍净高要达到 3 米以上。

4. 运动场的设置

呈“一”字排列的羊舍，运动场设在羊舍的南面，低于羊舍地面 60 厘米，向南缓缓倾斜，以沙质壤土为好，便于排水和保持干燥。周围设围栏高度 2.0～2.5 米（图 4-5）。

图 4-5　运动场实例

5. 典型羊舍

（1）开放、半开放结合单坡式羊舍：这种羊舍适合于炎热地区或当前经济较落后的牧区。由开放舍和半开放舍两部分组成，羊舍排列成“厂”字形，羊可以在两种羊舍中自由活动（图 4-6）。在半开放羊舍中，可用活动围栏临时隔出或分隔出固定的母羊分娩栏。

（2）半开放双坡式羊舍：这种羊舍既可排列成“厂”字形，也

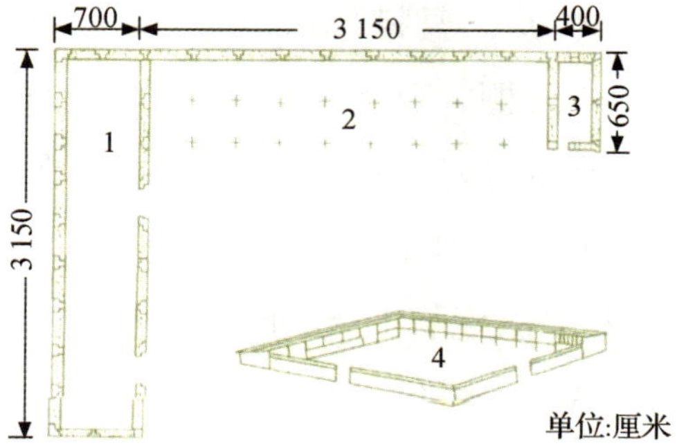

图 4-6　开放、半开放结合单坡式羊舍

1. 半开放羊舍　2. 开放羊舍　3. 工作室　4. 运动场

可排列成“一”字形，但长度增长，适合于比较温暖的地区或半农半牧区（图 4-7、图 4-8）。

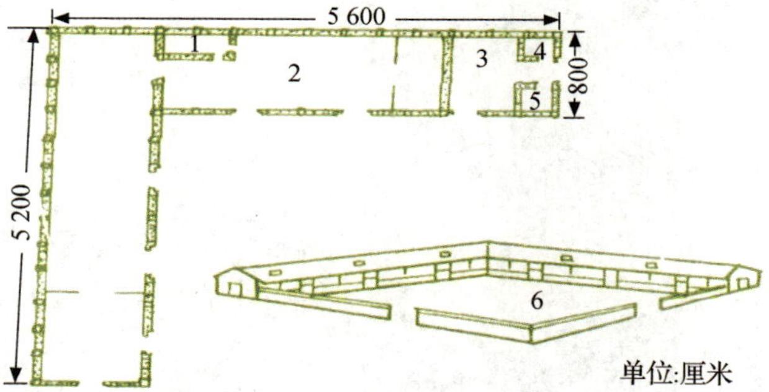

图 4-7　半开放双坡式羊舍

1. 人工输精室　2. 普通羊舍　3. 分娩室　4. 值班室　5. 饲料间　6. 运动场

（3）封闭双坡式羊舍：这种类型羊舍四周墙壁封闭严密，屋顶为双坡，跨度大，排列成“一”字形，保温性能好。适合寒冷地区，可作冬季产羔舍。其长度可根据羊的数量适当加以延长或缩短（图 4-9）。

（4）吊楼式羊舍：这种羊舍高出地面 1～2 米，安装吊楼，吊楼上为羊舍，吊楼下为接粪斜坡，后与粪池相连。楼面为木条漏缝地

图 4-8 半开放式羊舍实例

图 4-9 封闭式羊舍实例

面。双坡式屋顶，小青瓦或草覆盖。后墙与端墙为片石，前墙柱与柱之间为木栅栏（图 4-10、图 4-11）。这种羊舍的特点是，离地面有一定高度，防潮、通风透气性好、结构简单，适合于南方炎热、潮湿地区采用。

（5）漏缝地面羊舍：国外典型漏缝地面羊舍为封闭、双坡式，跨度为 6 米，地面漏缝木条宽 50 毫米、厚 25 毫米、缝隙 22 毫米。双列食槽通道宽 50 毫米，可为产羔母羊提供相当适宜的环境

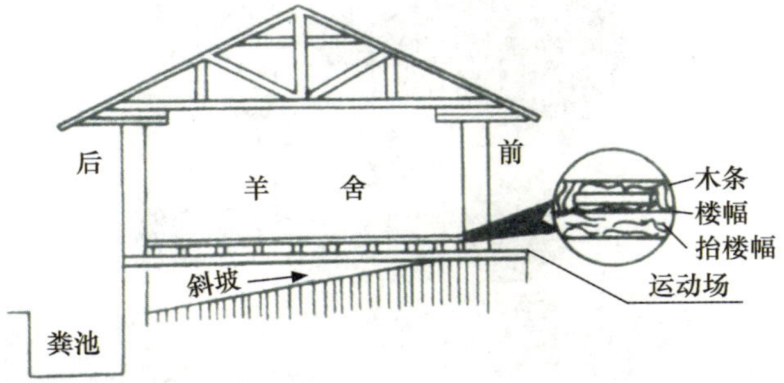

图 4-10　吊楼式羊舍侧剖面示意图

图 4-11　吊楼式羊舍实例

条件（图 4-12）。

（6）塑料棚舍：近年来，在我国北方冬季推广塑料暖棚养羊（图 4-13、图 4-14）。这种羊舍一般是利用农村现有的简易敞圈及简易开放式羊舍的运动场，用材料做好骨架，扣上密闭的塑料薄膜而成。骨架材料因地制宜选材，如木杆、竹片、钢材、铅丝、铁丝等

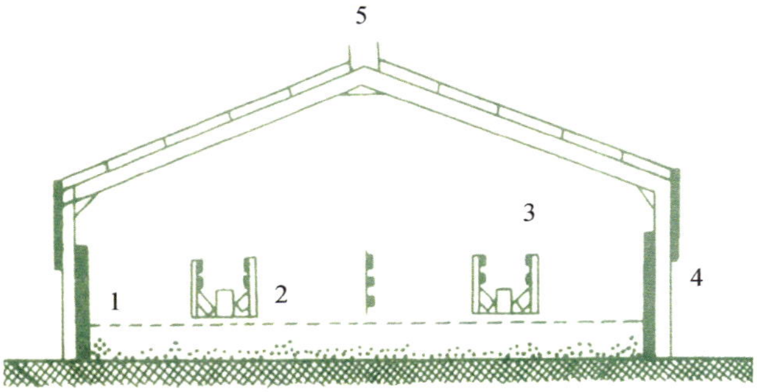

图 4-12　漏缝地面羊舍侧剖面示意图

1. 羊栏　2. 漏缝地板　3. 饲槽通道　4. 空气进气口　5. 屋顶排气口

均可，塑料薄膜为厚度 0.2～0.5 毫米白色透明、透光好、强度大的膜。棚顶类型分为单坡式单层或双层膜棚、弧式单层或双层膜棚，单坡式单层膜棚结构最简单，经济实用。扣棚时，塑料薄膜再铺平，拉紧，中间固定，边缘压实，扣棚角度一般为 35°～45°。在塑料棚较高墙上设排气窗，东西方向每隔 8～10 米设 1 个排气窗（2 米×0.3 米），开闭方便。棚舍坐北朝南。这种暖棚保温、采光好，经济适用，适合于寒冷地区或冬季采用。

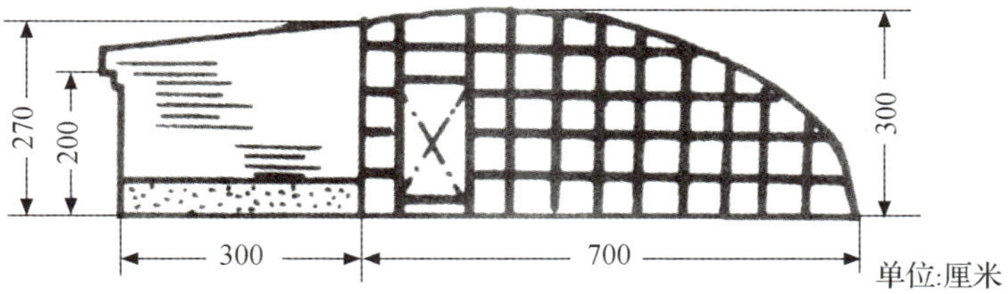

图 4-13　塑料综合型棚舍侧剖面示意图

（二）羊场主要配套设施

1. 饲槽及饮水槽

分为固定式和活动式，材料为水泥、木质、铁皮、无毒塑料

图 4-14　塑料棚式羊舍实例

等，要求内表面光滑、耐用，槽底圆弧形。槽体高 15～25 厘米，内径宽 20～25 厘米，槽深 15～20 厘米。饲槽及饮水槽可设在舍内或运动场。饲槽和饮水槽长度应使每只羊采食或饮水时不相互干扰，羊脚不能踏入槽内为准，可按每只成羊 25～30 厘米、羔羊 20～25 厘米计算。对于采用 TMR 饲喂技术的可以不要饲槽，只留饲喂区，饲料道和饲喂区宽度约 4 米。

2. 草料架

有固定式和移动式 2 种。用钢条、木条或竹条等材料制作，固定在羊舍内或运动场；草料架隔栏间距 8～10 厘米，宽度 30～60 厘米，长度应使每只羊采食时不相互干扰，羊脚、羊头不能伸入草架内，并避免架内饲草落在羊身上为宜，一般成羊按每只 30～40 厘米、羔羊 20～30 厘米计算（图 4-15）。采用 TMR 饲喂技术的，可以不要草料架。

(a) 长方形两面料草架　　(b) 凹形两面联合草料架

图 4-15 草料架

3. 多用途活动栏圈

活动栏圈主要用于临时分隔羊群及分离母羊与羔羊之用。可用木板、木条、原竹、钢筋、铁丝等制作。栏的长度视其用途而定，高度为羔羊 1～1.5 米、大羊 1.5～2 米。可做成移动式，也可做成固定式。

4. 药浴池

长 8～10 米，上宽 0.8～0.9 米，下宽 0.5～0.6 米，深 1～1.2 米，以 1 只羊能通过而不能转身为宜，出入口处设围栏，入口呈陡坡状，出口做成梯步，回流台向浴池方向倾斜 2°～3°，便于羊体滴下的药液流回池内。回流台用水泥修成，药浴池附近应有水源。

5. 消毒池和消毒走廊

设在羊场或生产区入口处。供车辆通行的消毒池，长 5 米，宽 3 米，深 0.15 米；供人员通行的消毒池，长 2～2.5 米，宽 1.2～1.5 米，深 0.05～0.1 米。消毒走道设紫外灯，供进出人员消毒。

6. 工作间和调料室

规模养殖场应设立工作间和调料室，面积视具体情况而定。

7. 兽医室、隔离室、采精输精室

应根据具体情况设置相应的兽医室、隔离室和采精输精室，对病羊及时进行隔离和治疗，对发情母羊及时进行人工授精，做好治疗、配种资料记录。

第五章

规范化防疫

一、人员管理

饲养人员要认真遵守饲养管理制度，按时添加饲料、供给饮水，细致观察饲草料有无发霉、变质等；观察畜禽采食、饮水、反刍、运动、休息、排粪、排尿等有无异常，若发现不正常现象，及时请兽医检查，进行诊断治疗。工作期间戴口罩，穿工作服，工作前后用肥皂洗手。

饲养人员应坚持每年体检，患有结核、布鲁氏菌病等人畜共患病者不得担任此项工作。

二、消毒技术

始终贯彻“预防为主”的方针，养殖场布局要做到生活管理区和生产区、处理区分开，生产区周围有必要的保护设施；场内分别设净道和污道，建有进料、出粪通道，并严格分离。生产区大门口要建立更衣消毒室和消毒池，人员消毒室内设置雾化消毒设备；车辆消毒池宽于门、长于车轮一周半，池内投放消毒液并经常更换，所有出入人员和车辆必须消毒（图 5-1）。

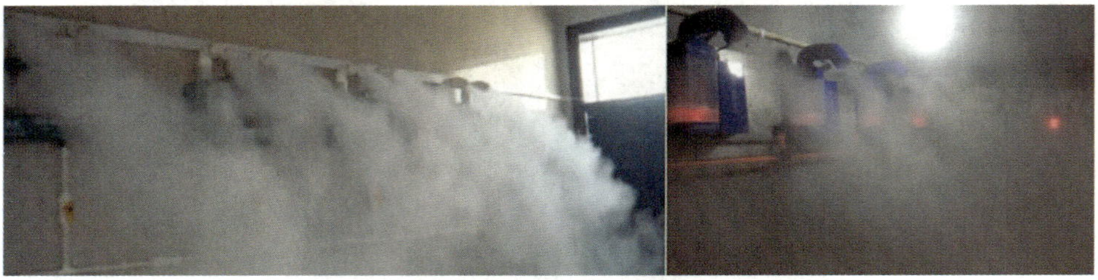

图 5-1　羊场入口处雾化消毒

畜舍及其设施设备应每天清扫干净，保持清洁、卫生、干燥，每周用 20%的石灰乳液或 5%的来苏儿溶液消毒一次。食槽中剩余草料每天及时清除，饮水槽要经常换水，保持槽内清洁卫生，每周彻底清洗一次（图 5-2）。

图 5-2　羊圈内消毒

购羊前的准备，购羊前一周，应将羊舍粪便清除，用水清洗后，用 2%的火碱溶液对羊舍地面、墙壁进行喷洒消毒，用 0.1%的高锰酸钾溶液对器具进行消毒，最后再用清水清洗一次。如果是敞圈羊舍，冬季应扣塑膜暖棚，夏季应搭棚遮阳，通风良好，使其温度不低于 5 ℃。

做好灭蝇灭鼠工作，清除的粪便及污物经堆积发酵，无害化处理后还田，实施农业的循环经济。

病死动物尸体在划定地点做深埋、消毒等无害化处理，严禁乱抛乱扔，污染饲养环境。

三、羊场防疫基本原则

养殖小区内所有饲养羊，均应按照免疫程序规定的内容对各种疫病进行疫苗预防注射，各类疫病免疫率要达到100%，确保肉羊安全和人体健康。

每年进行两次羊体内外寄生虫的驱治工作。春季以驱治胃肠道线虫为主，夏季防治疥癣，秋冬驱治胃肠道线虫。

在使用生物药品前应仔细检查封口、胶盖是否封闭严密。如有裂纹、瓶中含有异物、霉团、摇不散的凝块等变质者均不能使用。瓶签上有关药品名称、批号、使用方法及有效日期等应保持完整，以便查考。过期的生物药品不得使用。

四、羊场防疫技术规范

羊场根据疫病的发生种类和情况，可分为两大类疫病，即强制性免疫的疫病和选择性免疫的疫病。强制性免疫的疫病是指根据《动物防疫法》的要求，国家强制要求免疫的疫病；选择性免疫的疫病是指根据羊场周边地区疫病的发生情况，根据需要，可选择性进行的免疫疫病（图5-3）。

（一）强制性免疫的疫病

1. 羊快疫、羔羊痢疾、肠毒血症

免疫时，不论羊只大小一律肌肉注射或皮下注射1毫升，注射后14天产生免疫力，免疫期为半年。

2. 传染性胸膜肺炎

体瘦或有慢性疾病的羊和体温升高（晨温超过40.5 ℃）的羊

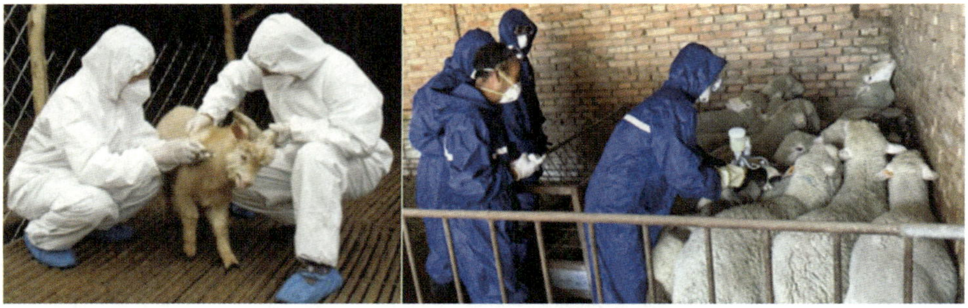

图 5-3　羊场防疫工作

不宜注射，注射部位应于颈部两侧远离肩胛骨处，不要注射臀部，以免发生跛行。

3. 羊口蹄疫

每年用口蹄疫疫苗在春季（约 3 月上旬，母羊产后 1 个月、羔羊生后 1 个月后）和秋季（约为 8 月份，母羊配种前）对羊只各免疫 1 次，按说明或皮下注射 1 毫升，15 天后产生免疫力，免疫期为半年。

4. 小反刍兽疫

如发生小反刍兽疫，可适用碘制剂消毒药对全群消毒，每天 2 次。适用石灰粉对养殖场周围消毒。对没有发病的羊群及时隔离，对处于潜在感染的羊群用羊康紧急预防。一支羊康稀释一支刀豆素和一支头孢，一般一针即可见效。病症轻微的羊 1 天打 1～2 针，严重的 1 天打 2～3 针。

（二）选择性免疫的疫病

1. 羊炭疽

周围地区是炭疽疫区，受威胁时，每年用第Ⅱ号炭疽芽孢苗在春季免疫 1 次。切记，山羊不能用一般的无毒炭疽芽孢苗。使用第Ⅱ号炭疽芽孢苗时，在大、小羊肋内侧或尾部、腹下皮内注射

0.2 毫升，免疫期为 1 年。

2. 羊链球菌病

每年春季或秋季，用羊链球菌弱毒苗免疫。6 个月至 2 岁的羊、尾部皮下注射 0.5 毫升，2 岁以上大羊注射 1 毫升，免疫期为 1 年。

3. 羊大肠杆菌病

用羊大肠杆菌病灭活苗，3 个月至 1 周岁的羊皮下注射 2 毫升，3 个月以下羔羊注射 0.5～1 毫升，免疫期为 5 个月，每年春、秋两季对适龄羊进行免疫，1 周岁以上的羊不需注射。

4. 羊伪狂犬病

如周边有伪狂犬病发生，受威胁时，可用牛、羊伪狂犬病灭活苗免疫，成年羊 5 毫升，羔羊 3 毫升，皮下注射，免疫期为半年，每年需预防 2 次。

5. 羊痘

如有疫情，不论羊只大小，均于腋下或尾内侧或腹下，皮内注射 0.5 毫升，4～6 天后产生免疫力，免疫期为 1 年。以后在每年秋季免疫 1 次。免疫后一般无不良反应，有些羊只注射后 5～8 天在注射局部有小的硬节肿块，不需处理，会逐渐消失。

6. 羊口疮

如发生过羊口疮，则需对健康羊用羊口疮弱毒细胞冻干苗，采取羊口唇黏膜注射法注射 0.2 毫升进行免疫。黏膜内注射法术式：用左手拇指与食指固定好羊的上（下）口唇，将其绷紧，食指上（下）顶使上（下）唇黏膜稍突起，立即向黏膜内注射 0.2 毫升疫苗，注射是否正确，以注射处呈透亮的水泡为准，一般无不良反应，免疫期为 5 个月。根据情况一年应注射 1～2 次（春季在 3 月份，秋季在 9 月份）。

参 考 文 献

[1] 谭炳钊,梁金明．肉羊规模化养殖关键技术[J]. 农业技术与装备,2022(11):145-147.

[2] 邬溪芮,张珍珍．舍饲养羊技术及管理模式探讨[J]. 畜牧兽医科技信息,2022(10):124-126.

[3] 张玉纯,张争劲,邱良伟．提高肉羊养殖效益的关键技术[J]. 中国畜禽种业,2022,18(4): 109-110.

[4] 祁永峰．提高舍饲养羊技术的措施[J]. 中国动物保健,2022,24(4):103-104.

[5] 邱良伟,何庆玲,谭学桃．规模化羊养殖场标准化管理措施[J]. 中国畜禽种业,2022,18(3):133-134.

[6] 张丽．肉羊高效养殖技术在生产中的应用[J]. 中国动物保健,2022,24(2):94-95.

[7] 刘会敏．工厂化生态高效养羊技术集成和示范[J]. 中国畜禽种业,2021,17(12):14-15.

[8] 沈新华．圈舍饲养羊养殖技术及管理模式[J]. 中国畜禽种业,2021,17(10):120-121.

[9] 郭杰．养羊技术探讨[J]. 畜牧兽医科技信息,2021(9):119.

[10] 乔红梅．高寒牧区冬春养羊注意事项[J]. 畜牧兽医科技信息,2021(9):120-121.

[11] 季银江,田勇．秋季羊快速育肥技术[J]. 兽医导刊,2021(17): 108-109.

[12] 刘霞,蒋建兵．科学养羊的增效措施[J]. 兽医导刊,2021(17):

112-113.
[13] 托留别克·达汗伯. 肉羊饲养管理技术[J]. 今日畜牧兽医,2021,37(8):59.
[14] 陈丽,胡立国,魏玉明,等. 牛羊规模养殖场动物疫病防控措施及常用技术[J]. 中兽医学杂志,2021(8):91-92.
[15] 杨东兴. 肉羊快速育肥技术及提高养羊效益的策略分析[J]. 农村实用技术,2021(7):78-79.
[16] 刘宏伟. 浅谈我国养羊业发展状况[J]. 吉林畜牧兽医,2021,42(6):74.
[17] 卢从彬. 养羊产业发展问题对策研究[J]. 畜禽业,2021,32(5):71-72.
[18] 谭炳钊,梁金明. 肉羊规模化养殖关键技术[J]. 农业技术与装备,2022(11):145-147.
[19] 张敏,高维明,宫平,等. 新疆牛羊产业现状与发展对策[J]. 畜牧兽医科学(电子版),2019(13):158-159.
[20] 王拥军. 新疆养羊业可持续发展与生态环境的探讨[J]. 畜牧兽医科技信息,2019(2):64-65.
[21] 徐梦思,晁旭东,张宾,等. 新疆肉羊业发展现状、问题分析及对策研究[J]. 家畜生态学报,2018,39(3):85-89.
[22] 於建国. 新疆地方品种绵羊尾脂利用现状与展望[J]. 中国畜禽种业,2021,17(10):117-118.